中等职业学校创新创业课程系列丛书

U0643467

科技双创启迪课程
——感知人工智能（机器人）

山东智慧天下课程编写组　著

ARTIFICIAL
INTELLIGENCE ROBOTS

山东城市出版传媒集团·济南出版社

图书在版编目（CIP）数据

感知人工智能.机器人 / 山东智慧天下课程编写组
著.-- 济南 : 济南出版社,2022.7
科技双创启迪课程
ISBN 978-7-5488-5167-7

Ⅰ.①感… Ⅱ.①山… Ⅲ.①人工智能－智能机器人
－中等专业学校－教材 Ⅳ.①G634.671

中国版本图书馆CIP数据核字(2022)第119641号

科技双创启迪课程 —— 感知人工智能（机器人）

KEJI SHUANGCHUANG QIDI KECHENG
—— GANZHI RENGONG ZHINENG (JIQIREN)

出 版 人	田俊林
责任编辑	尹利华　叶　子
装帧设计	曹晶晶
出版发行	济南出版社
地　　址	山东省济南市二环南路1号(250002)
编辑热线	0531-86131748
发行热线	0531-86131728　86922073　86131701
经　　销	全国新华书店
印　　刷	济南鲁艺彩印有限公司
版　　次	2022年7月第1版
印　　次	2022年7月第1次印刷
成品尺寸	185mm×260mm　16开
印　　张	5
字　　数	85千
定　　价	198.00元（全三册）

本册主编：刘光泉

副 主 编：杨金勇　鹿学俊

《科技双创启迪课程——感知人工智能（机器人）》编委会

鸣谢：华为开发者创新中心
　　　　北京博海迪信息科技有限公司

重构新一代创新创业教育实践体系（序）

习近平总书记说："创新是一个民族进步的灵魂，是一个国家兴旺发达的不竭动力，也是中华民族最深沉的民族禀赋。在激烈的国际竞争中，惟创新者进，惟创新者强，惟创新者胜。"

立德树人是学校工作的核心。立德树人内涵丰富，但知识＋能力（自主学习、实践、创新、解决复杂问题等能力）＋方法＋品行一定是立德树人最基本的要素。当一个学生具有了优良的品行，再加上丰富的知识与强大的能力，一个大写的"人"就立起来了。双创教育在立德树人工作中不可或缺，可以与德育、劳育深度融合，与科教、产教紧密结合。

我一直对中国当今双创教育有些许思考。众所周知，发端于 20 世纪中期美国哈佛大学的双创教育，一直在不断地推动高等教育、科学技术的进步，并且引领了当代社会的深刻变革。2014 年我国政府积极倡导的"大众创新、万众创业"虽然起步稍晚，但也在显著优化着我国社会、经济、教育发展的大环境。比如：随着新经济、新产业、新业态的不断出现，在我国先后催生了新工科、新医科、新文科、新农科的全面建设。"四新"的特点是人才培养更注重面向未来、强调创新、注重交叉、倡导多育并举，因此"四新"人才的培养已不仅限于新专业的设置、传统专业的改造升级，更是深入到课程、教材、实践与创新等最基本的教学和育人环节，涉及到教学理念、教学思想、教学方法的深刻变革。

显然，双创能力的培养已成为与实践教育同等重要的育人要素。比如在教育部《第二批新工科项目指南》中明确提出，不仅要深入研究新学科布局，传统专业升级改造，专业课程体系、课程教材知识体系结构优化等问题，还要探索打破传统的基于学科的学院设置的人才培养模式问题，也要深入研究双创教育保障体制机制等系列问题。

在传统人才培养中，双创教育往往以业余形式体现，但是在新工科等"四新"人才培养中，教育部则明确要求双创教育要进课堂、进必修课，双创能力要成为新型人才未来必备、人才能力构成中不可或缺的基础能力。当然也必须看到，双创教育的课程、环境、载体、平台并不是孤立的，双创教育要与知识的学习、实践能力的训练、思想品行教育实质性融为一体，只有使知识、能力、方法、实践、创新、品行一体化培养（简称 KAMPIV），才能成为立德树人的重要组成部分。所以研究双创教育不能就双创谈双创，应该跳出双创看双创，应该形成我们自己的双创教育理念和多育并举的协同育人模式。

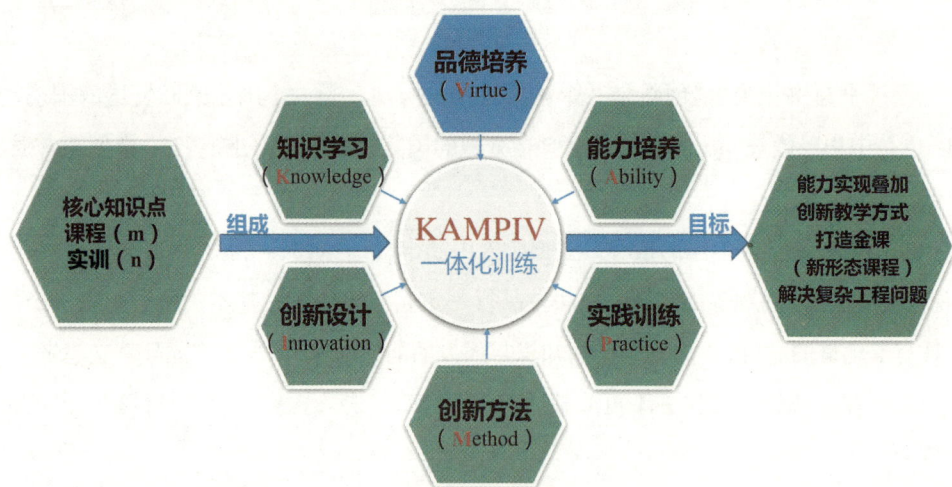

专创融合 KAMPIV 理论框架

学校的重要使命就是为学生搭建能帮助其快速发展、健康成长的立德树人助力框架。立德树人助力框架是由知识、能力、方法、品行四者构成，其要点是知识、能力、方法、品行一定要一体化，要多育并举，否则缺少品行粘结，碎片化的框架是无法成形的，也是不牢固的。而传统单一的功能课程恰恰不完全具备知识、能力、方法、品行一体化的培养功能。本着 KAMPIV 教育教学思想，以及数学、艺术、科学、技术、工程结合下交叉与探究的 IMASTER 课赛创孵范式，结合组织、政策、激励、平台等多要素，我们为大学生的发展构建了立德树人助力框架的教育理念并开展以下工作。

为学生搭建立德树人助力框架，就要以学生为本。其前提是要摒弃以教师为主导的有标准答案的教、学生按部就班的学；其突破口就是要为学生学习设置没有标准答案的复杂问题，围绕学生存在的问题构筑解决方案，而要想形成没有标准答案的复杂问题必须依靠创新性项目化教学。

通过实践为创新奠定坚实的基础。用双创教育深入推进知行合一，用创新项目形成复杂问题，用解决复杂问题的经历磨练学生的意志品质。具体举措是在不同的学科专业构筑具有知识、能力、方法、实践、创新、品行多功能的课程，用双创项目串接课程核心知识点，在学校已有的 IMASTER 课赛创孵任务驱动的双创育人模式基础上，实施项目化教学，让双创教育进课程、进必修课，让双创教育深度融入学校人才培养体系，构建全新的人才培养模式。

如何提供创客空间、课赛结合、任务驱动、全员参与构建星光学堂专创融合实践育人范式？需要解决的关键性问题有：

1. 能力培养与课程、实践的有机结合，人才培养方式亟须创新。如何系统性研究双创教育与具体专业的关系定位？如何将相对碎片化的理论知识转为解决实际系统的任务项目实战？如何解决少数拔尖领军专业人才培养与大多数通才之间的平衡？

2. 课程内容与产业发展长远要求的结合，师资队伍亟须加强，国际化水平亟须提升。基层教学组织如何建构、如何弥补教师不熟悉实际工程项目的短板？专业实习环节偏软，如何与企业、行业高位嫁接和无缝衔接？优秀资源从哪里来？

3. 综合素质评价的实现，智力资本的社会环境亟待提高。如何通过考核方式变革拉动教学教育方式的变革？如何构建信息化平台？研究生与本科生如何协同能力培养？红色思政如何开展，与劳育、德育如何结合？

回应上述问题，我们应构建星光学堂专创融合实践育人范式，打造双创基地空间，同时配备一定的支撑条件、课程、竞赛、经费、项目、导师。学生在校期间可参加 3 类阶梯竞赛（基础与技能类 100%；技术与系统类 70~80%；创新创业类 20~30%），承担 3 个任务（验证型 100%；系统型 70~80%；创新型 20~30%），参加 1 个项目（院系级 100%；校级 50%；省级或国家级 20%），积极为学生配备导师组，指导参与企业或行业需求调研、实习、专题展会学习等。

课程学分可参照如下设置：双创基础训练 4 学分，其中新生研讨课 1 学分（翻转课堂进行案例化教学，通过研讨、辩论、思维导图、微视频制作等方式培养学生研究型学习思维等）；工程制图课 1 学分（实践原理图、电路版图、工程图表、数据图、项目管理图等）；实训课 1 学分（模拟、数字应用电路与单片机最小系统焊接、测试与组装调试等）；表达写作课 1 学分（信息检索、论文写作等）。结合双创专业基础 4 学分，其中计算机语言课 2 学分；单片机课 2 学分（完成最小软硬件系统实现）。本科生 4 个创新创业实践学分，其中稷下创新 2 学分、齐鲁创业 2 学分。

同时，基于德智体美劳五育并举思想，凝练具有双创教育内涵、特色和质量的双创教育理念，构建得益于双创助力的协同育人模式，形成赢创未来双创教育理论体系，领先新范式，为双创教育赋能，为学生奠定坚实的基础知识、基础能力、基本素质创造条件。形成专业导师＋企业导师＋双创导师＋助理导师合力，建构新型师生、生生、自我关系。在产教融合过程中，发挥行业、企业的重要作用，通过人才需求预测、培养方案定制、课程开发设置、实习实训实践和就业创业输出，打破地域、时空、环境、层次对创新所需人才、信息、资源和项目的约束，实现信息化管理、智能化学习、一体化服务平台，创新过程实时记录、考核与指导。

创新不是简单天马行空的想象，创新是有法可依的。"工欲善其事，必先利其器"，作为新一代面向中等职业物联网和机器人等创新创业教育的教程尽快出版，形成互补和提升，组合成系统和体系，更有助于学生们成长为参天大树，成为国家和社会的人才，并逐步建构、发展、形成较为完整的"以问题定导向、以需求为指引、以兴趣找起源、以能力核目标、以课程铺基础、以方法突重点、以实训来突破、以比赛大检验、以网络搭平台、以过程建档案"的创新创业教育体系。

针对学生的创新能力培养是一个综合构建的工程，方法不是成年人的专利，学生们更需要加强相关训练和学习。我非常愿意也认为非常有必要在此刻向青少年们种下一颗创新的种子，本系列教程无疑就是这颗种子，以实践创新作为启蒙课程，结合通俗易懂的信息、物理、数学知识，由浅入深，层层递进，让学生们真正动手去做，在实践中探究学习，种子也悄然发芽成长。

感谢教材丛书的作者们，希望本套丛书尽快杀青问世，成为"教学理念前沿、教学手段先进、教学特色鲜明、教学效果突出、深受学生喜欢"的课堂，形成示范和引领，全面提高教学质量。启动内心、不断创新、解决问题、永不放弃，并传承方法、规则和策略。

总之，希望通过本套教程积极地引导，让更多的学生迈入系统思维、科研方法的法门，在素质提升和创新创业之路上拥有自己的一片蓝天。本教程适合所有追求梦想的同学们，每一个在创新思维教育领域探索的学校、教师以及所有渴望释放自我创造力的学生们。

2022 年 6 月 15 日

让创新之花绽放（序二）

"一进教室，迎面扑来了满满的科技感，为期一周的双创课程开始了，在这里我学到了之前从未接触过的东西。"

"双创真是妙不可言，我们体验了戴上 VR 眼镜玩游戏，那种真实感仿佛让我觉得就是在游戏里面一样。"

"最有意思的还是机器人，我们可以通过电脑或者手柄对它进行操控，让它展示舞蹈还有一些高难度的项目。"

"最让我震撼的还是给'小艾'进行编程之后，可以通过前方有没有火焰来进行灭火，这让我不得不惊叹科技的神奇。"

"我们还学习到了利用物联网进行家用电器远程操控，同学们六人一组，没有一个人想要放弃，就连平时上课睡觉的同学，也主动参与且认真对待比赛，通过小组成员共同努力，成功地把模块与电子元件相结合，做出了一个完美的作品，同学们聚精会神学习的样子真可爱！"

这是学校双创基地的同学经过为期一周的双创课程体验后发出的感慨。

创新是第一生产力，济南信息工程学校作为山东省首批人工智能教育试点校、首批山东省高水平中职校，向来重视学生科技创新能力的培养。2019 年，校企共建人工智能双创实训基地。基地以创新创业实践为导向，以项目学习为框架，以设计 AI 产品为主线。学生在真实情景中探究、体验 AI 关键技术，了解 AI 产品设计，AI 产品应用转化的运营模式。基地课程为面向各个专业的人工智能通识教育，同学们将从知识、技能和品质三方面收获成长。在知识方面掌握了项目学习理论、人工智能创新创业知识，了解到人工智能算法和产品开发技术。在可迁移的技能方面，将学习到团队建设、项目规划、技术路线设计、产品原型设计、产品交互设计、项目路演学习等技能；在品质方面，将培养人文素养、创新素养和 AI 素养。最终同学们将成为具有人文素养、创新素养和 AI 素养的创新人才。

人工智能技术作为创新创业教育过程中的一个重要方向，将引领一场更为深远的科技革命，对当今新形势下的创新创业活动产生重要的影响。培养中职生的创新意识和创新能力是中职学校培养人才的新目标，济南市各中职学校进行了不同程度的探索和尝试，在课程设置、教材研发、教学实践等方面取得了许多可喜成绩。学校广泛聘请行业专家、企业技术人员参与学校的教育教学工作，校企合作共同研究制定人才培养方案，制定课程标准，研发校本教材，共建实训基地平台，促进供需双侧人才链、创新链、产业链深度融合，提升人才供给质量和水平，创新人才培养机制。

"教育为教而知之，育而行之；学习乃游而学之，戏而习之。"大众创业，万众创新，创新创业已经成为一种价值导向、生活方式和时代气息。通过双创教育，使学生就业有门，创业有路，事业有成，是我们每个教育工作者的共同目标。科技向真，人文向善，艺术向美，创新向德，学习是一个终身的过程，教育是一个永续的过程，祝愿站在人工智能风口上的同学们，也能顺利起飞、自在遨游！

刘光泉

2022 年 6 月

目录

·学习目标·

◎理解创新的含义。

◎理解创新的重要性。

◎了解培养创新思维的方法。

·学习目标·

◎了解人工智能的概念和发展史。

◎了解人工智能的应用领域和应用案例。

◎了解人工智能技术的发展情况和影响。

·学习目标·

◎了解机器人的结构组成。

◎掌握机器人的遥控器控制方式。

◎掌握机器人的图形化编程控制方式。

◎了解程序的下载与运行方法。

·学习目标·

◎了解程序结构与流程图。

◎掌握三种基本程序结构的编程
　方法。

·学习目标·

◎掌握音乐模块的使用方法。

◎了解自定义音乐的添加方法。

◎掌握机器人动作设计的两种
　方法。

◎为机器人设计出"拍手手"
　动作。

·学习目标·

◎认识常见的传感器。

◎掌握火焰传感器的工作原理及
　使用方法。

◎掌握LED灯和风扇模块的使用
　方法。

· 学习目标 ·

◎巩固人体红外传感器和火焰传感器的使用方法。

◎巩固风扇模块的使用方法。

◎发挥创意，制作出独特的创新作品。

· 学习目标 ·

◎了解三原色和 RGB 颜色系统。

◎了解机器人视觉模块，掌握视频回传功能。

◎掌握颜色识别的方法。

◎了解函数的定义和使用方法。

· 学习目标 ·

◎了解人脸识别的概念和原理。

◎了解各种人脸属性识别的原理。

◎掌握人脸属性识别程序的编写方法。

· 学习目标 ·

◎ 巩固学过的知识。

◎ 完成设计任务并实现功能。

· 学习目标 ·

◎ 完成任务成果分享展示。

◎ 总结概括学习感想。

前置课　创新改变世界

学习目标

1. 理解创新的含义。

2. 理解创新的重要性。

3. 了解培养创新思维的方法。

课程导入

请同学们观看庆祝中国共产党成立100周年的视频《中国崛起路》（详见课件），一起感受祖国的强大，了解当今美好生活的来之不易。

刻骨不忘，必有回响

中国的崛起很重要的一个原因就是，中国共产党坚持走中国特色社会主义道路，这条道路的开辟和拓展，本身就是一个从理论到实践不断创新的过程，下面就让我们一起学习本课《创新改变世界》。

📖 **新知讲解**

一　什么是创新？

Q & A： 结合所学知识，说说你对创新有哪些理解？

（一）创新的含义

创新是指以现有的思维模式提出有别于常规或常人思路的见解，利用现有的知识和物质，在特定的环境中，本着理想化需要或为满足社会需求而改进或创造新的事物、方法、元素、路径、环境，并能获得一定有益效果的行为。它是以新思维、新发明和新描述为特征的一种概念化过程。它主要包括两个层面的含义：一是创造新事物；二是在旧事物的基础上进行更新和改进。

创新可以是一种实践活动，也可以是一种思维状态。主体创新的内部态度，称为创新精神，它包括创新意识、创新情感和创新意志三大方面。

Q & A： 是不是拥有创新精神就能创新了呢？

请同学们观看视频（详见课件），进一步理解创新的含义，了解创新必须建立在一定知识储备的基础之上。

创新需要物质和知识做储备

（二）约瑟夫·熊彼特"五种创新"理念

人们对创新概念的理解最早主要是从技术与经济相结合的角度，探讨技术创新在经济发展过程中的作用，主要代表人物是现代创新理论的提出者约瑟夫·熊彼特。

约瑟夫·熊彼特提出的"五种创新"理念包括：产品创新、技术创新、市场创新、资源配置创新、组织创新。

产品创新：开发一种新产品——也就是消费者还不熟悉的产品，或开发出某种已有产品的新特性。

技术创新：采用一种新的生产方式或一种新的技术代替已有的生产模式。

市场创新：开辟一个新的市场——也就是某种产品以前不曾进入的市场，比如从国内市场走向国际市场。

资源配置创新：发现新的原材料或半成品的供应来源，无论这种来源是已经存在的，还是第一次创造出来的。

组织创新：实现任何一种产业的新组织，如造成或打破一种垄断地位。

二　为什么创新？

（一）国家需要创新

习近平总书记强调："创新是引领发展的第一动力，是建设现代化经济体系的战略支撑。""重大科技创新成果是国之重器、国之利器，必须牢牢掌握在自己手上，必须依靠自力更生、自主创新。"人才是科技创新最关键的因素，我们要坚持创新驱动，激发人才创造活力，培养造就一大批具有国际水平的战略科技人才、科技领军人才、青年科技人才和高水平创新团队。

请同学们观看视频《抓创新不问出身》和《创新中国的一分钟》（详见课件），理解创

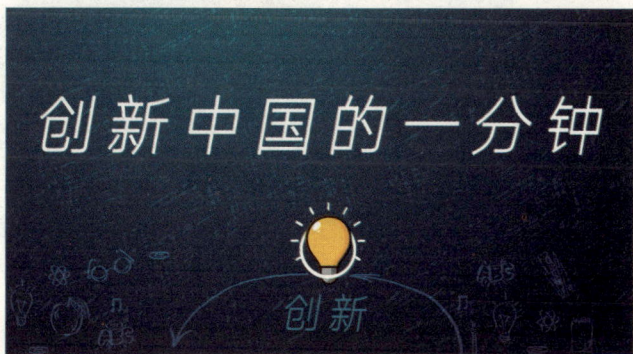

新的重要性。

（二）社会需要创新

创新力社会具体有以下表现：

社会生产力的创新。科学技术是第一生产力，科技创新决定了社会生产力的发展。

社会制度的创新。社会主义制度创新是在坚持社会主义制度的基本前提下，发展和丰富社会主义制度文明的创新。

思维和文化的创新。以中国特色社会主义先进文化为引领，在坚守和弘扬中华优秀传统文化、革命文化的同时剔除不符合当前创新发展要求的文化元素，架构新时代创新文化体系。

（三）个人需要创新

创新能力是知识性时代对人才的基本要求之一，创新能力可改变一个人的修养、思想以及命运，是现代优秀人才的基本素质之一。

三　如何培养创新思维

创新思维是指以新颖独创的方法解决问题的思维，这种思维有很多特点：理性的、非理性的，相同的、相异的，但它最大的特点是差异性。创新思维是不受常规思路的约束，寻求对问题的全新独特性的解答的思维过程。我们可以从以下几个方面来培养自己的创新思维。

1.用"求异"的思维去看待和思考事物。

2.有意识地从常规思维的反方向去思考问题。

3.用发散性的思维看待和分析问题。

4.主动地、有效地运用联想。

5.学会整合，宏观地去看待问题。

请同学们观看视频《创新案例展示》（详见课件）。

巩固提升

完成学习手册中的随堂测验题目，巩固所学知识。

· 总 结 评 价 ·		
序　号	学习内容	掌握程度
1	创新的含义	☆☆☆☆☆
2	创新的重要性	☆☆☆☆☆
3	培养创新思维的方法	☆☆☆☆☆
心得体会：		

第一课　初识人工智能

学 习 目 标

1. 了解人工智能的概念和发展史。

2. 了解人工智能的应用领域和应用案例。

3. 了解人工智能技术的发展情况和影响。

课程导入

2017年5月23日至27日，中国围棋选手柯洁与阿尔法围棋（AlphaGo）进行了三局人机大战，最终柯洁以0：3的成绩遗憾落败，其中柯洁在第二局中的表现被机器评定为完美。在后来的采访中，柯洁透露比赛时感到非常绝望，虽然输给人工智能非常的"不甘心"，但不得不承认人工智能技术确实太强大了。

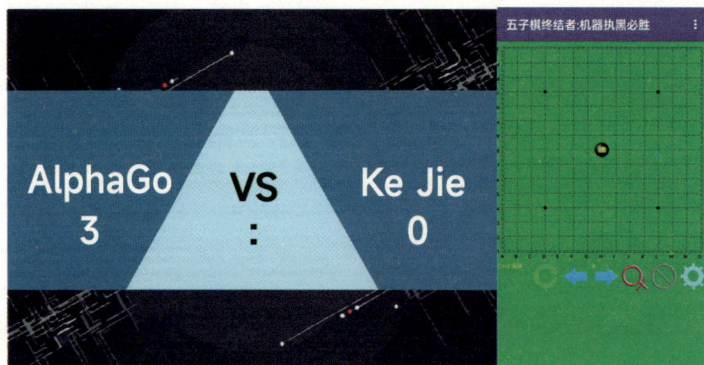

其实除了在围棋中运用了人工智能技术之外，一

些五子棋软件中也运用到了人工智能技术，接下来就让我们通过"五子棋终结者"来体验一下人机对战的乐趣，感受人工智能技术的强大吧！

📖 **新知讲解**

一　人工智能简介

Q & A：你认为什么是人工智能？

我认为人工智能是……

在体验了人机对战的乐趣后，让我们通过一段视频来认识一下人工智能吧！

人工智能简介

人工智能（Artificial Intelligence）：英文缩写为AI，它是研究、开发用于模拟、延伸和扩展人的智能的理论、方法、技术及应用系统的一门新的科学技术。

接下来让我们通过一段视频来简单了解一下人工智能的发展史吧！

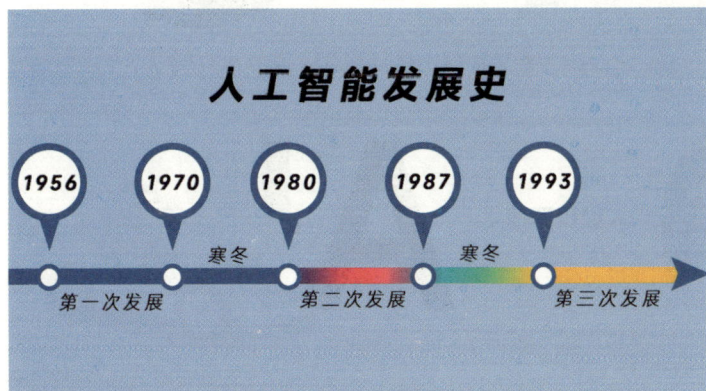

人工智能发展史

二　人工智能应用

Q & A：你在生活中见到过哪些人工智能技术的应用？

我见过的人工智能技术应用有……

随着人工智能技术的不断发展，它被应用到越来越多的场景中，极大地改变了我们的生活。接下来就让我们通过一些具体案例来了解一下。

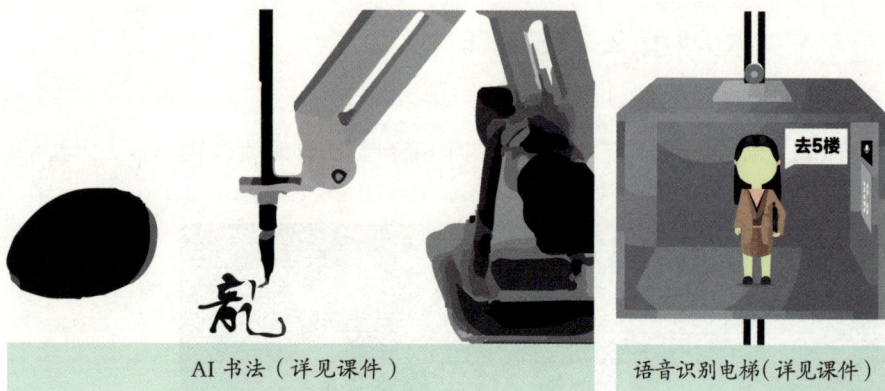

AI 书法（详见课件）

语音识别电梯（详见课件）

人工智能机器人（详见课件）

人脸识别技术

人脸识别技术（详见课件）

无人驾驶汽车（详见课件）

人工智能应用的细分领域包括深度学习、计算机视觉、智能机器人、虚拟个人助理、自然语言处理、实时语音翻译、情境感知计算、手势控制、视觉内容自动识别、推荐引擎等。

三 人工智能的影响

Q & A： 你认为人工智能技术的发展会对人类的未来产生什么样的影响？

我认为人工智能技术的发展会……

随着科研人员的不断研究与创新，人工智能技术的发展也是日新月异，那么人工智能技术在未来会对人类的生产生活产生什么样的影响呢？下面让我们通过一段视频（详见课件）一起来了解一下。

2021年7月13日，中国互联网协会发布了《中国互联网发展报告（2021）》。该报告显示，2020年，人工智能产业规模达到了3031亿元。

当前以大数据、深度学习和算力为基础的人工智能在语音识别、人脸识别等以模式识别为特点的技术应用上已较为成熟，但对于需要专家知识、逻辑推理或领域迁移的复杂性任务，人工智能系统的能力还远远不足。基于统计的深度学习注重关联关系，缺少因果分析，使得人工智能系统的可解释性差，处理动态性和不确定性能力弱，难以与人类自然交互，在一些敏感应用中容易带来安全和伦理风险。

巩固提升

完成学习手册中的随堂测验题目，巩固所学知识。

· 总 结 评 价 ·		
序　号	学习内容	掌握程度
1	人工智能的概念和发展史	☆☆☆☆☆
2	人工智能的应用领域和应用案例	☆☆☆☆☆
3	人工智能技术的发展情况和影响	☆☆☆☆☆
心得体会：		

第二课　机器人初体验——小艾动起来

学 习 目 标

1. 了解机器人的结构组成。
2. 掌握机器人的遥控器控制方式。
3. 掌握机器人的图形化编程控制方式。
4. 了解程序的下载与运行方法。

课程导入

制造智能机器人作为一门包含相当多学科知识的技术领域，几乎是伴随着人工智能所产生的。随着社会的不断发展，智能机器人也变得越来越重要，越来越多的领域和岗位都需要智能机器人的参与，这使得智能机器人的研究也越来越深入。首先让我们通过一段视频（详见课件）来认识一个非常厉害的智能机器人吧！

在我们学习的过程中也会用到一款智

智能机器人介绍

能机器人，它的名字叫作小艾，它有非常多的功能等待大家去探索，这节课就让我们一起来认识一下它吧！

新知讲解

机器人结构组成

Q & A：仔细观察小艾，你能说出它的结构组成包括哪些部分吗？

　　　　　小艾的结构组成包括……

（一）机器人外观结构

机器人外观结构包括头部、颈部、躯干、四肢等。

注意：拿取机器人时，可以通过扣紧机器人背后凹槽将其提起，也可以通过抓紧机器人躯干部位将其提起，禁止通过抓住机器人头部或四肢将其提起。

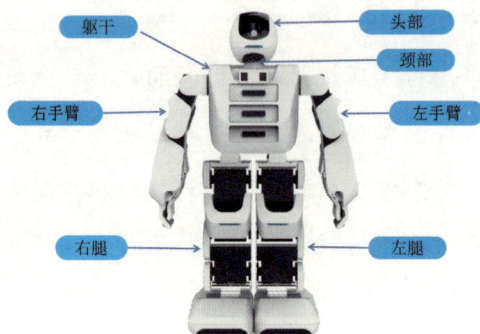

（二）机器人躯干下方功能区域

POWER：充电插口，用于为机器人充电。

ON/OFF：电源开关，用于开启与关闭机器人。

RESET：复位按键，用于重启机器人，此按键非常重要。

USB：USB接口，用于连接数据线。

（三）机器人组成部分

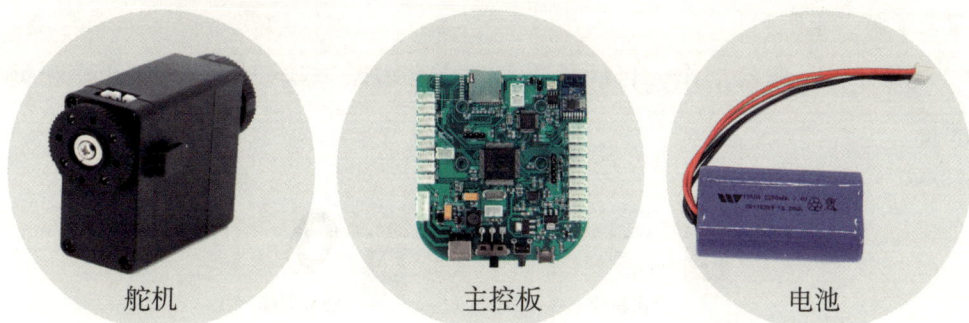

舵机　　　　　　　　　主控板　　　　　　　　　电池

舵机：相当于机器人的关节，通过舵机转动让机器人做出各种动作。

主控板：相当于机器人的大脑，用于处理各种信息，起到控制机器人的作用。

电池：为机器人提供动力。

二　遥控器控制方式

（一）遥控器外观与功能介绍

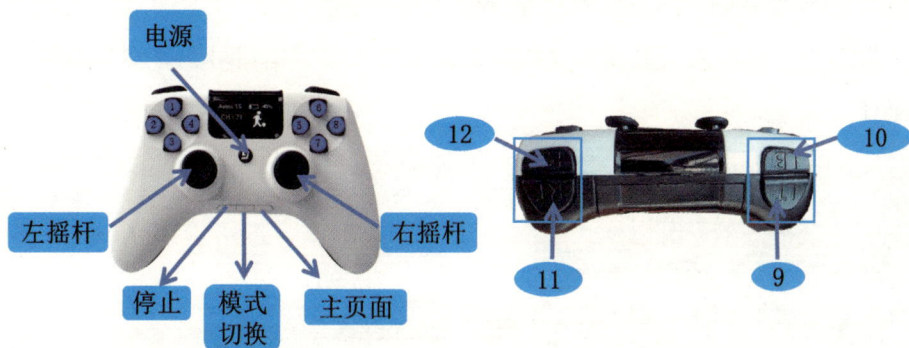

正面有1～8八个数字按键　　　　　侧面有9～12四个数字按键

电源按键：开启与关闭遥控器。

左、右摇杆：控制机器人运动。

停止按键：停止机器人当前动作。

模式切换按键：切换遥控器模式。

主页面按键：确认功能。

数字按键：每个数字按键对应不同的独特功能。

如果想要利用遥控器来控制机器人运动，还需要经过三步操作，让我们一起来了解一下吧！

第一步：准备工作。目的是将机器人和电脑连接起来，为后续步骤做准备。

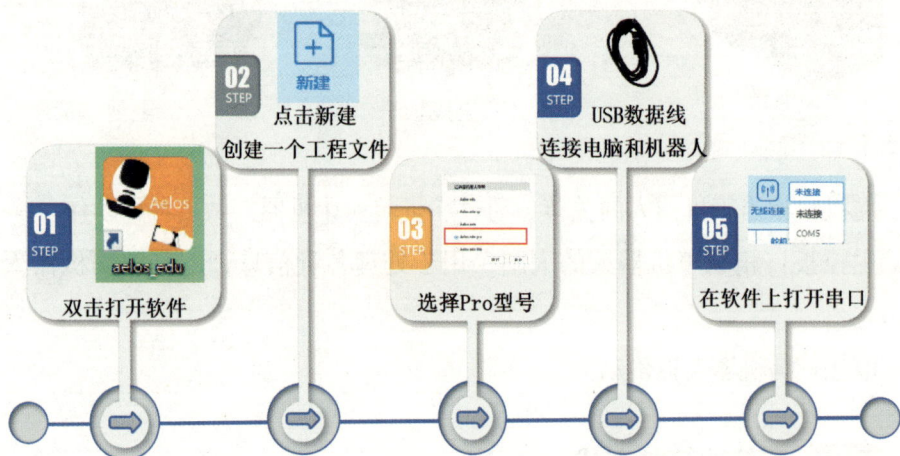

注意：软件打开时默认的工程平台对应的是Lite型号的机器人，而我们的机器人是Pro型号的，所以需要新建Pro工程文件。

第二步：机器人信道设置。目的是给机器人设置信道号，方便与遥控器进行配对。

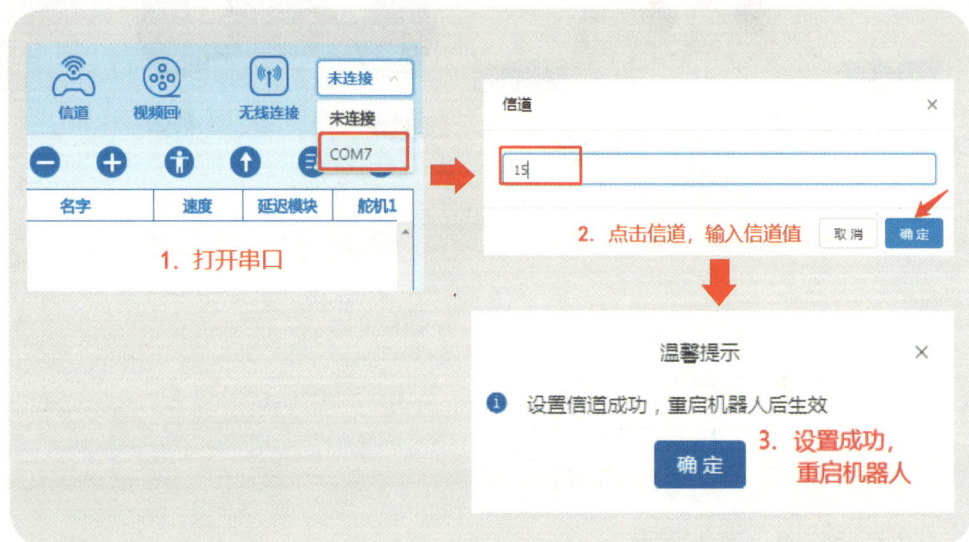

注意：

1.机器人信道数值范围为1~99。

2.机器人信道设置成功后，需要重启机器人才会生效。

3.机器人重启后串口会断开，这属于正常现象，此时不需要再连接串口。

第三步：遥控器信道设置。目的是完成遥控器与机器人配对，实现利用遥控器控制机器人运动。

打开遥控器电源，同时长按Y键和A键，等待遥控器进入信道设置模式。

进入信道设置模式后，屏幕会显示当前手柄的信道值。

拨动左右摇杆，与机器人信道数字相同后，点击【主页面】按键保存设置。

注意：遥控器的信道数字为两位数，左摇杆控制十位数，右摇杆控制个位数，摇杆向上可以增加数值，摇杆向下可以减少数值。

现在就可以利用遥控器摇杆来控制机器人运动了，左右摇杆的功能分别如下。

左摇杆：控制机器人慢走、慢退、左移、右移。

右摇杆：控制机器人快走、快退、左转、右转。

（二）遥控器模式

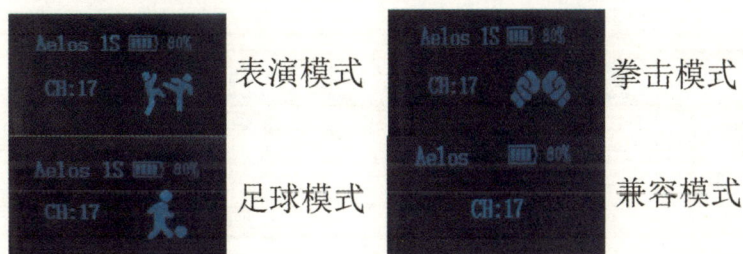

表演模式　　　　拳击模式

足球模式　　　　兼容模式

遥控器有四种模式可以选择，通过短按模式切换按钮可以切换表演模式、拳击模式和足球模式，通过长按模式切换按钮可以进入兼容模式。

注意：在兼容模式下，遥控器上每个数字按键都对应着独特功能。

三　图形化编程控制方式

Q&A：什么是程序？什么是图形化编程？

　　　　程序是……图形化编程是……

（一）程序的概念

　　计算机程序是一组指示计算机或其他具有信息处理能力的装置执行动作或做出判断的指令。简单来说，程序就是一组指令，告诉计算机需要怎么做，第一步做什么，第二步做什么。

（二）图形化编程

　　图形化编程不需要编写复杂的代码，而是像搭建积木一样来编写程序，让编程变得更加简单。

```
"""
实验名称：点亮 LED_R 红灯
实验目的：学习 LED 点亮
"""
from Maix import GPIO
from fpioa_manager import fm

#将 红灯引脚 IO14 注册到 GPIO0。
fm.register(14, fm.fpioa.GPIO0,force=True)

LED_R = GPIO(GPIO.GPIO0, GPIO.OUT) #构建 LED 对象

LED_R.value(0) #点亮 LED
```

　　编程需要用到编程软件，接下来就让我们一起来认识一下编程软件吧！

1.软件界面及部分区域功能

软件界面：菜单栏、指令栏、编辑区、动作视图区、舵机值视图区等。

指令栏：包括控制指令和动作指令两种指令，都是已经编写封装好的内容，可以供同学们选择使用，方便同学们更快捷地进行程序编写。

编辑区：编写程序的主要阵地，指令的添加、删除，程序的整体设计都在编辑区中进行。在这里可以直观地看到当前程序的整体情况。

2.简单程序示例

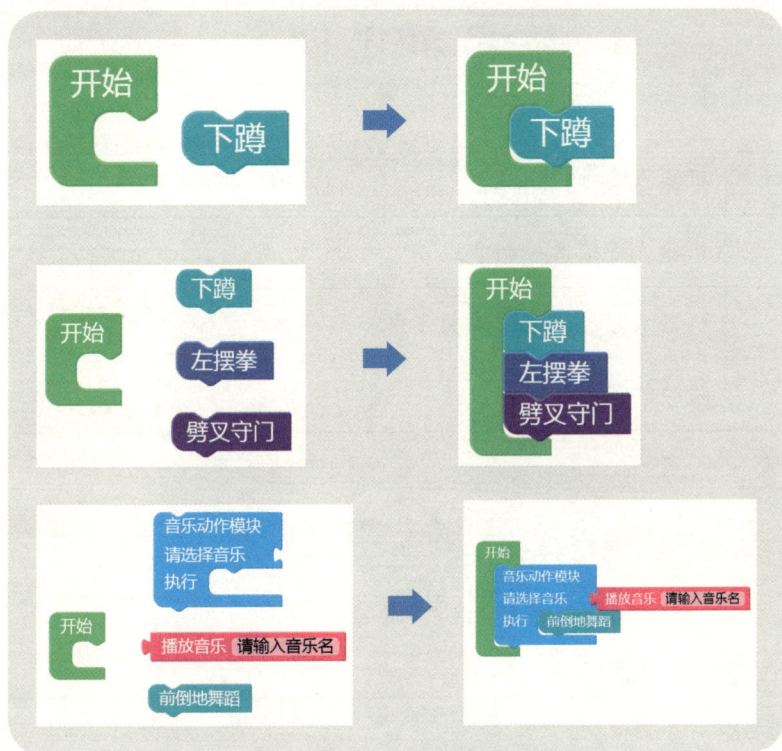

在指令栏中将指令拖动到编辑区中，按照一定的规则将其放到"开始"中，一个简单的程序就生成了。

3.程序下载与运行方法

程序编写完成后，点击菜单栏中的"下载"按钮，待进度条显示为"100%"后就代表程序已经成功下载到机器人内部。

程序下载成功后必须重启

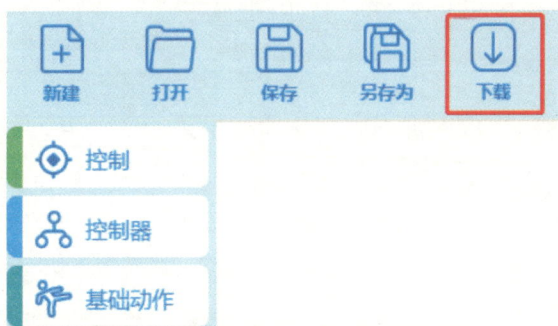

一下机器人，机器人才会开始执行程序，实现设定的功能。

巩固提升

1.完成学习手册中的随堂测验题目，巩固所学知识。

2.熟练掌握遥控器控制方式和图形化编程控制方式。

序　号	学习内容	掌握程度
· 总 结 评 价 ·		
1	机器人的结构组成	☆☆☆☆☆
2	机器人遥控器控制方式	☆☆☆☆☆
3	机器人图形化编程控制方式	☆☆☆☆☆
4	程序的下载与运行方法	☆☆☆☆☆

心得体会：

第三课　机器人初体验——程序结构

学习目标

1. 了解程序结构与流程图。
2. 掌握三种基本程序结构的编程方法。

课程导入

通过上节课的学习，我们已经知道可以通过编写程序来控制机器人进行运动。但是一个正确完整的程序并不是随意编写出来的，而是需要按照一定的程序结构来进行编写。

这节课就让我们一起来认识一下基本的程序结构吧！

新知讲解

一　程序结构与流程图

程序有三种基本结构，分别是顺序结构、选择结构和循环结构，如下图所示。

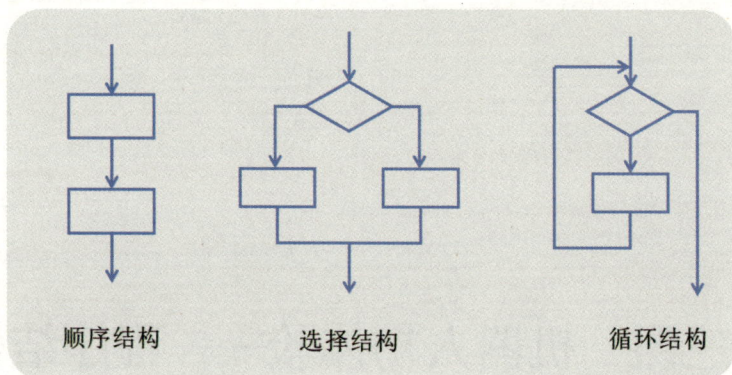

上图中的三个框图就是程序流程图，简称流程图，其概念如下：流程图是指用特定的图形符号加上说明，来表示解决某个问题的一种思路或方法的框图。

相比于纯文字的描述，流程图具有形象直观，一目了然；便于理解，没有歧义；可以直接转化为程序的优点。

流程图中使用的符号和其含义是有特殊规定的，具体如下图所示。

符号	解释	符号	解释
▭	开始与结束符号	▭	处理过程（计算、存储等）
◇	逻辑判断，根据某一条件决定程序走向	▱	输入、输出操作
○	连接符，流程图太长时，用来连接两页流程图	↓	连接线

（一）顺序结构

顺序结构是一种线性、有序的结构，它依次执行各语句模块，从第一条语句执行到最后一条语句，且每条语句都只执行一次。

示例1：

示例2：

Q & A： 你能想到哪些包含顺序结构的案例?

包含顺序结构的案例有……

顺序结构程序示例：

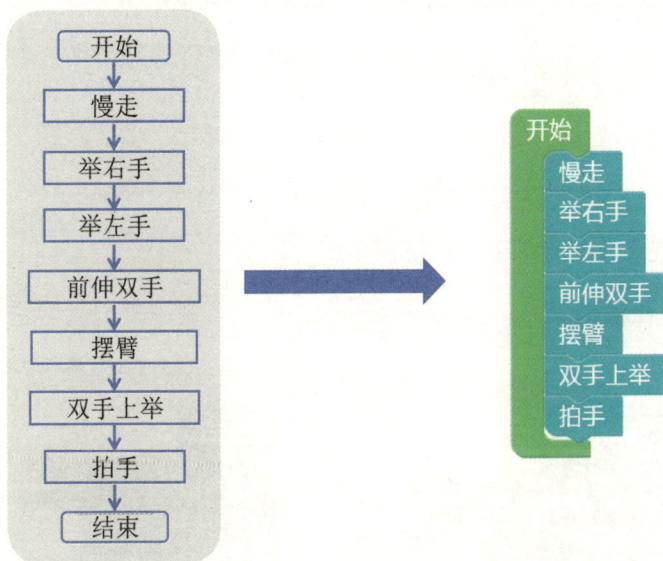

参考示例程序，编写顺序结构程序并下载，重启机器人后运行，观察机器人能否实现程序中设定的功能。

（二）选择结构

当一件事情有多个选项的时候，就需要挑选其中一个选项执行。所以选择结构的程序就需要根据不同的条件来决定程序执行的走向，而程序执行的结果也会随着条件的不同而不同。

示例1：

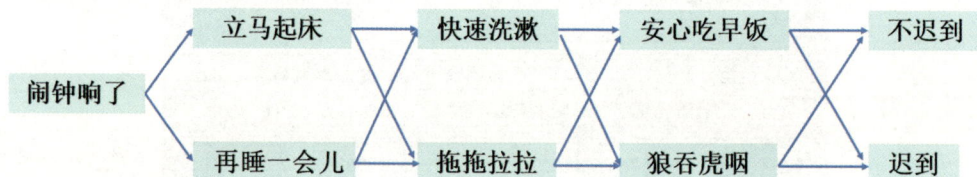

示例2：

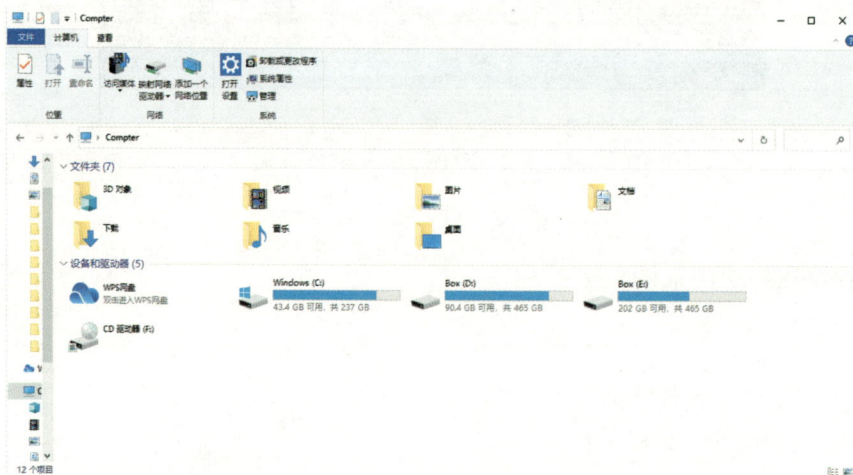

Q＆A：上图中在哪些地方会需要做出选择？

上图中在……需要做出选择。

选择结构程序指令：

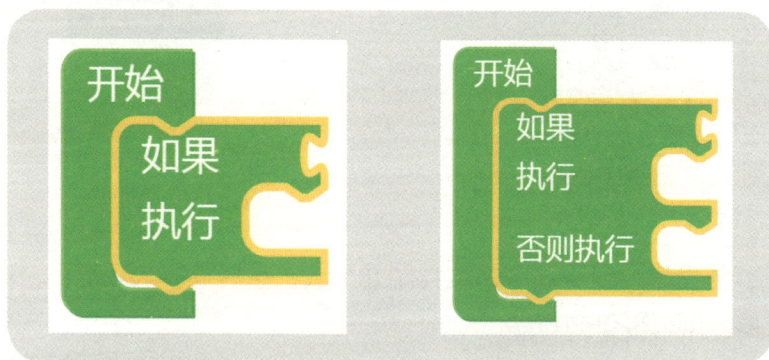

选择结构中包含两种指令，第一种是"如果……"指令，第二种是"如

果……否则……"指令。

"如果"指令使用方法：

如果条件满足，执行命令；如果条件不满足，不执行任何命令。

"如果……否则……"指令使用方法：

如果条件满足，执行命令1；如果条件不满足，执行命令2。

Q & A：你能想到哪些包含选择结构的案例？

包含选择结构的案例有……

选择结构程序示例：

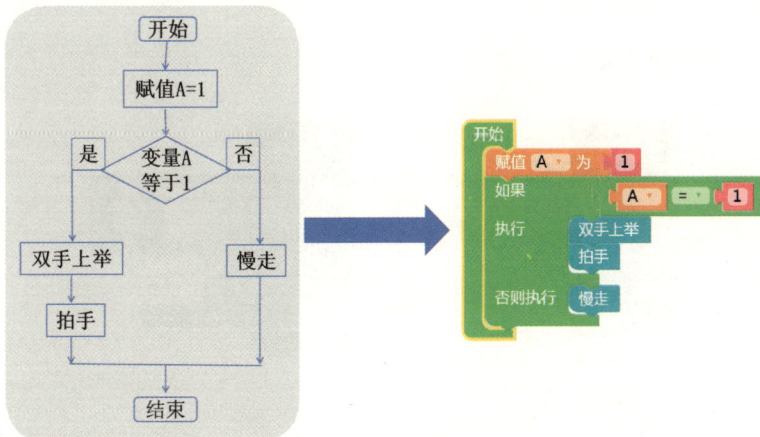

在上面的程序中出现了"变量"，这里的变量基本上和初中的方程变量是一致的，只是在计算机程序中，变量不仅可以是数字，还可以是任意数据类型。

变量在程序中用一个变量名来表示，变量名必须是大小写英文、数字和下划线的组合，且不能用数字开头。

变量创建方法如下图：

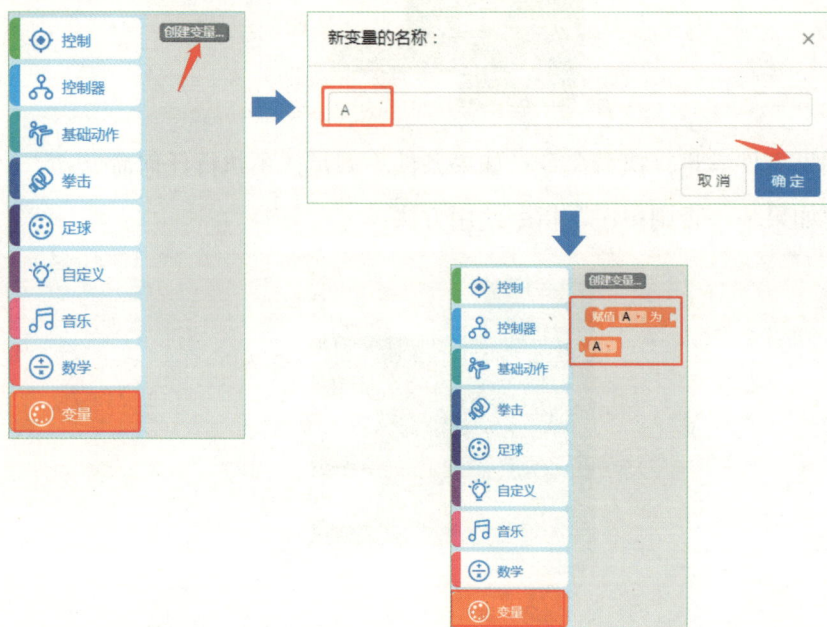

（三）循环结构

循环即周而复始，从开始到结束，再从头开始，一直重复。就像我们在操场上跑步，从起点开始跑一圈又回到了起点，再次出发。我们把这类表示重复指令的程序称之为循环结构。

循环结构程序指令：

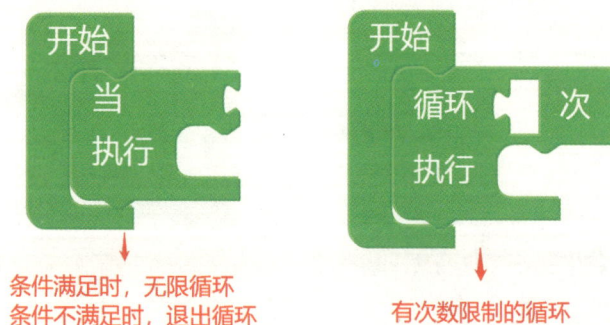

条件满足时，无限循环
条件不满足时，退出循环

有次数限制的循环

循环结构中包含两种指令，第一种是"当……"指令，第二种是"循环N次……"指令。

"当……"指令使用方法：

当条件满足时，命令无限循环；当条件不满足时，命令不执行。

"循环N次……"指令使用方法：

当条件满足时，重复执行N次命令。

Q&A：你能想到哪些包含循环结构的案例？

包含循环结构的案例有……

循环结构程序示例1：

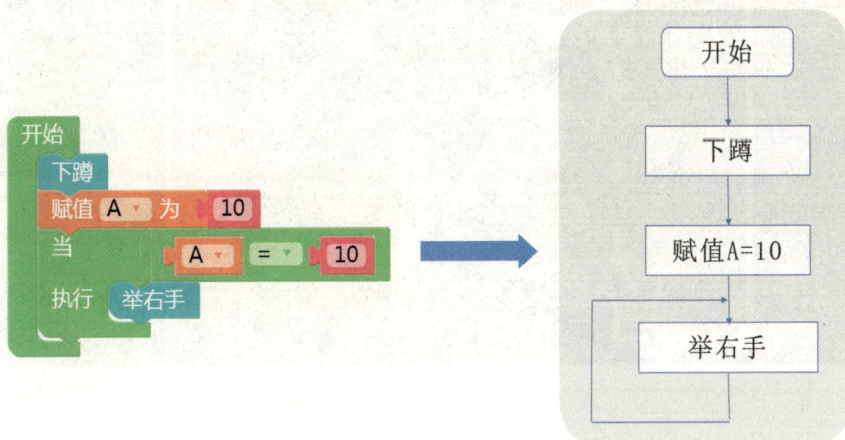

Q & A：机器人执行上述程序后会发生什么？

机器人执行上述程序后会……

循环结构程序案例2：

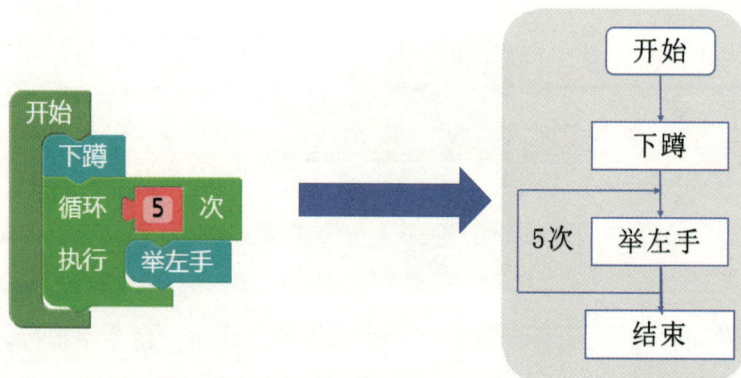

Q & A：机器人执行上述程序后会发生什么？

机器人执行上述程序后会……

小试牛刀

认真观察并分析下面的程序，看一看其中用到了哪些程序结构？

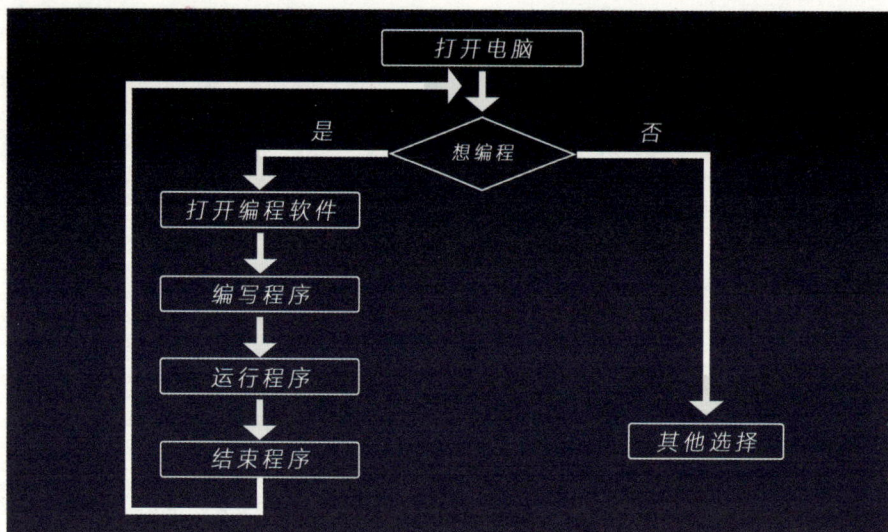

巩固提升

1.完成学习手册中的随堂测验题目，巩固所学知识。

2.熟练掌握三种基本程序结构的编程方法。

· 总 结 评 价 ·

序　号	学习内容	掌握程度
1	程序结构与流程图	☆☆☆☆☆
2	顺序结构编程方法	☆☆☆☆☆
3	选择结构编程方法	☆☆☆☆☆
4	循环结构编程方法	☆☆☆☆☆

心得体会：

第四课　机器人初体验——练习生小艾

学 习 目 标

1. 掌握音乐模块的使用方法。

2. 了解自定义音乐的添加方法。

3. 掌握机器人动作设计的两种方法。

4. 为机器人设计出"拍手手"动作。

课程导入

　　同学们还记得在前面的课程中学习过的利用遥控器来控制机器人运动吗？在遥控器兼容模式下，当我们按下11号和12号数字按键时，机器人会一边唱歌一边跳舞，非常有趣。

　　如果我们想要通过自己编写的程序来让机器人实现这种功能，应该如何去做呢？这节课就让我们一起来探究一下吧！

新知讲解

一　音乐模块使用方法

　　机器人内置存储卡中包含着多首音乐，其格式为 MP3，接下来让我们一起学习一下音乐模块的使用方法吧！

操作步骤图示：

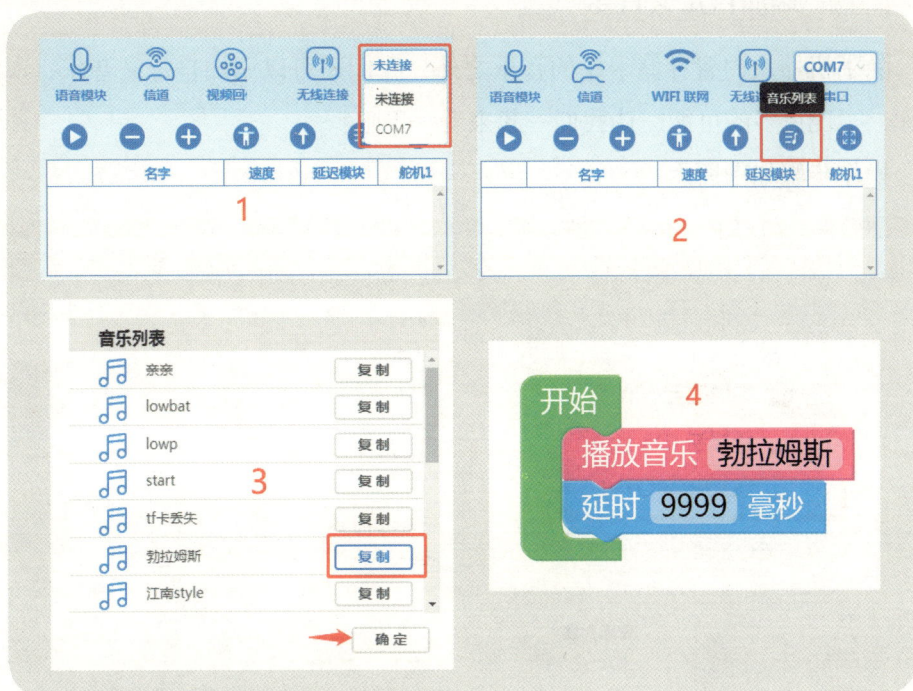

第1步：机器人连接电脑，打开串口。

第2步：点击动作视图区中的音乐列表。

第3步：在音乐列表中选择想要播放的音乐，点击"复制"。

第4步：编写如图所示程序，将复制过来的音乐名称粘贴在需要输入音乐名的地方。

程序编写完成以后，下载并运行程序，请同学们观察并描述发生的现象，思考一下为什么会发生这种情况？应该如何避免出现这种情况呢？

我们发现，当机器人开始运行程序后，会一遍一遍地重复播放设定的音乐，无法停止。

这是因为当机器人内部有下载的程序时，内部的程序会重复执行，无法停止，即使关机之后重新开机，里面的程序也会继续运行。

为解决这种情况，我们在使用完某个程序后，可以给机器人下载一个站立程序来覆盖掉原来的程

序，然后重启一下机器人就可以了，这样机器人就会一直保持站立状态。

添加自定义音乐

除了机器人内置存储卡中的音乐之外，我们还可以添加自定义音乐，丰富曲库，实现更多的可能，让我们一起来看一下吧！

操作步骤如图所示：

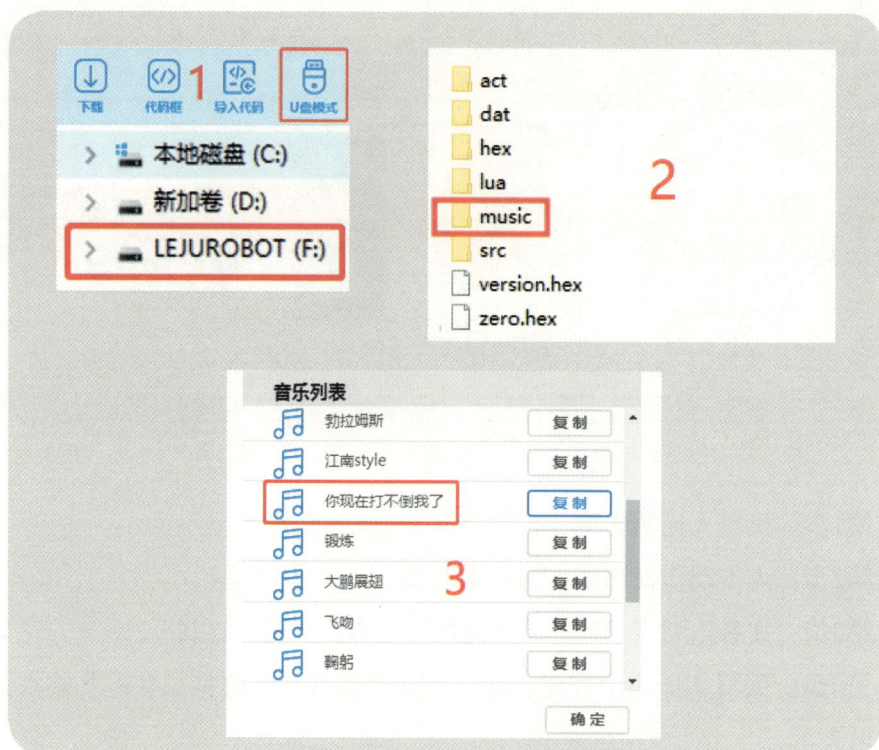

第1步：将机器人连接电脑，点击菜单栏中的U盘模式，进入计算机，打开可移动磁盘 LEJUROBOT（F：）盘。

第2步：将提前准备好的MP3格式的音乐复制到 music 文件夹中。

第3步：重启机器人，连接串口，点击"音乐列表"，就可以看到刚刚添加的新音乐，这样我们的自定义音乐就添加完成了，可以在后续程序中正常使用。

注意：

1.机器人只能播放 MP3 格式的音乐，所以下载音乐的时候要选择正确的格式。

2.关于音乐文件的命名，在文件名中不能有特殊符号，只能有中英文文字和数字等。

三　机器人动作设计方法

在学习了音乐模块的使用方法之后，我们再来学习一下如何为机器人设计动作吧！

为机器人设计动作时需要用到软件中的"动作视图区"和"舵机值视图区"。

（一）动作视图区

在动作视图区中可以显示当前编辑的动作指令的具体状态，其中的每一行都代表一条动作，所有的动作组合起来构成一个整体动作指令。

	名字	速度	延迟模块	舵机1	舵机2	舵机3	舵机4	舵机5	舵机6
1	刚度帧	30	0	25	25	25	60	60	60
2	动作1	30	1500	80	30	100	100	93	55
3	动作2	30	3500	80	31	100	100	95	130
4	动作3	30	0	80	30	100	100	93	55

（2、3、4行左侧标注：动作组）

（二）舵机值视图区

舵机值视图区可以显示当前机器人身上各个舵机的角度值。机器人身上共有19个舵机，每一个舵机（除去17、18号舵机之外）都有0~180度的旋转范围，但在使用时尽量将舵机角度控制在10~170度之间，这样可以有效避免舵机损坏。

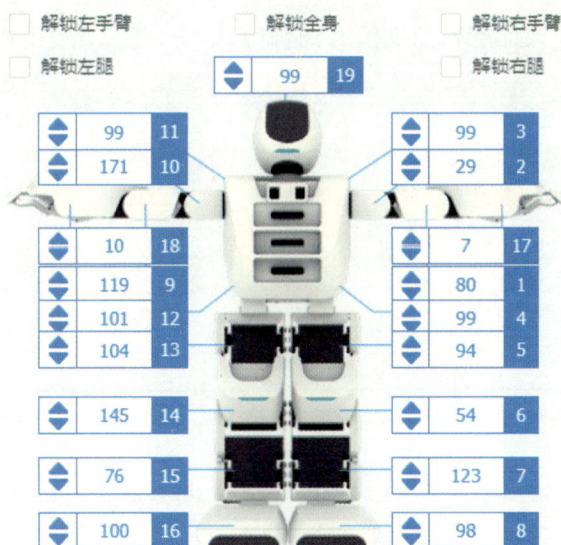

解锁左手臂　解锁全身　解锁右手臂
解锁左腿　99　19　解锁右腿

99　11　　　　99　3
171　10　　　　29　2

10　18　　　　7　17
119　9　　　　80　1
101　12　　　　99　4
104　13　　　　94　5

145　14　　　　54　6

76　15　　　　123　7

100　16　　　　98　8

（三）动作设计方法

1.手工扭转法

手工扭转法就是通过点击舵机ID，也就是蓝色数字小方块，对舵机进行解锁与加锁。

默认舵机处于加锁状态，解锁舵机后，可以用手轻轻扭动机器人关节处的舵机，旋转舵机角度使机器人形态变化，当舵机角度达到要求后，再对舵机加锁。舵机加锁后软件会读取舵机当前的角度值，形成既定的动作。

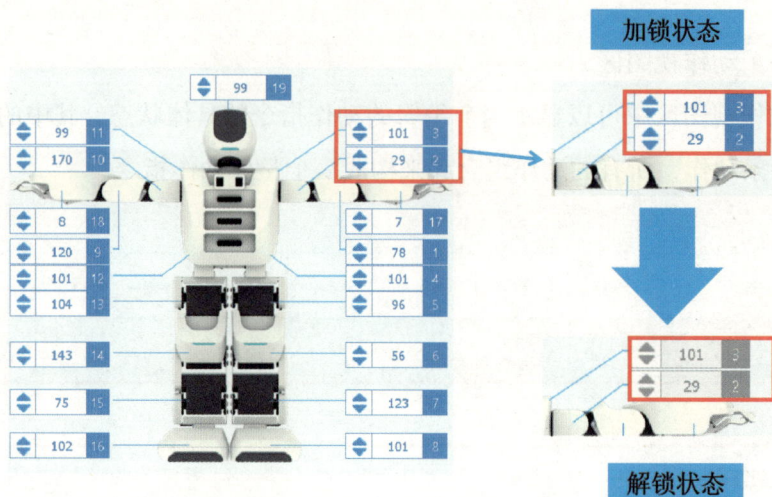

2.舵值调整法

舵值调整法就是在加锁状态下通过改变舵机角度值来改变机器人形态。

改变舵机角度值有两种方式：一是点击小三角；二是输入舵机值。

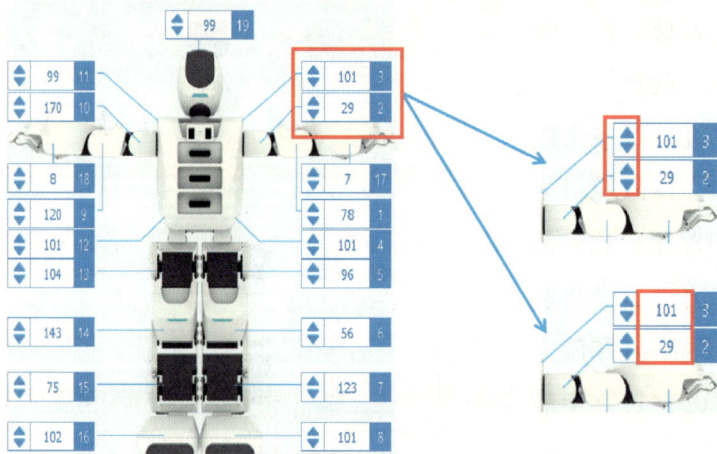

总结一下机器人动作设计的两种方法，如下图所示：

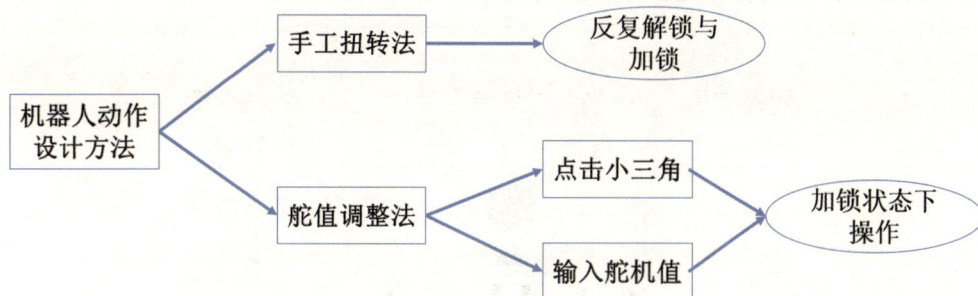

四 机器人动作设计实践

在学习了上述内容后，我们就可以自己来为机器人设计独特的动作，接下来让我们先设计一个简单的"拍手手"动作，练习并掌握机器人动作设计方法吧！

（一）设计要求

为小艾设计一个"拍手手"动作。

（二）思路分析

我们可以将"拍手手"的动作分解成双手前举和击掌两个关键姿势。

（三）设计步骤

1.首先将机器人连接电脑，然后在动作视图区中，点击"增加动作"（在动作视图区中会出现一个刚度帧和一个站立动作关键帧）。

	名字	速度	延迟模块	舵机1	舵机2	舵机3	舵机4	舵机5	舵机6
1	刚度帧	30	0	40	40	40	40	40	40
2	站立动作关键帧	30	0	80	29	99	99	95	58

2.点击1、2、3、9、10、11号舵机的ID方块，将舵机解锁（解锁前舵机ID方块为蓝色，解锁后舵机ID方块变为灰色）。

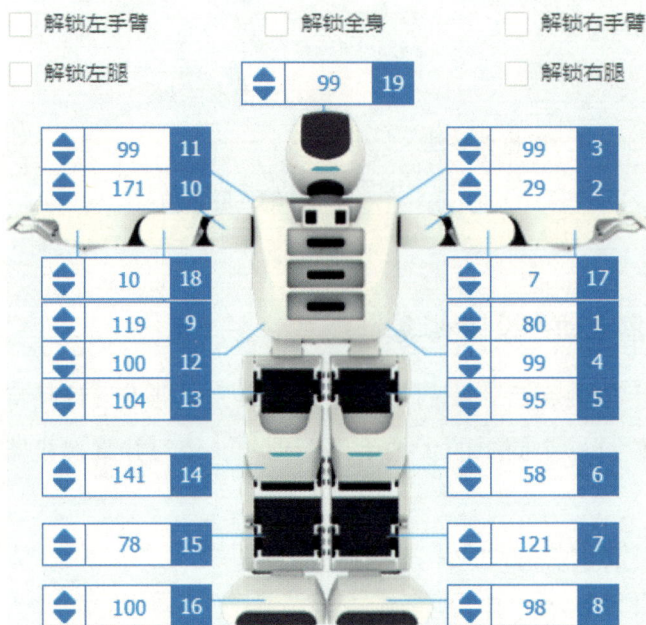

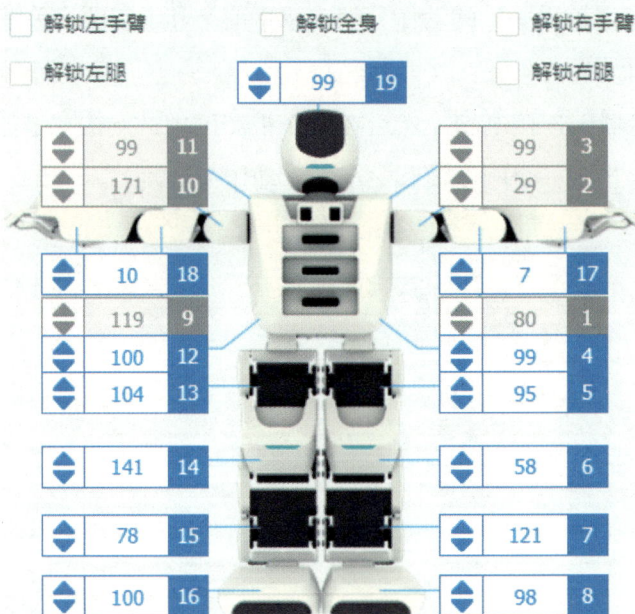

3.用手轻轻掰动舵机，让机器人做出双手前举的动作，然后将这6个舵机全部加锁，最后点击"增加动作"。

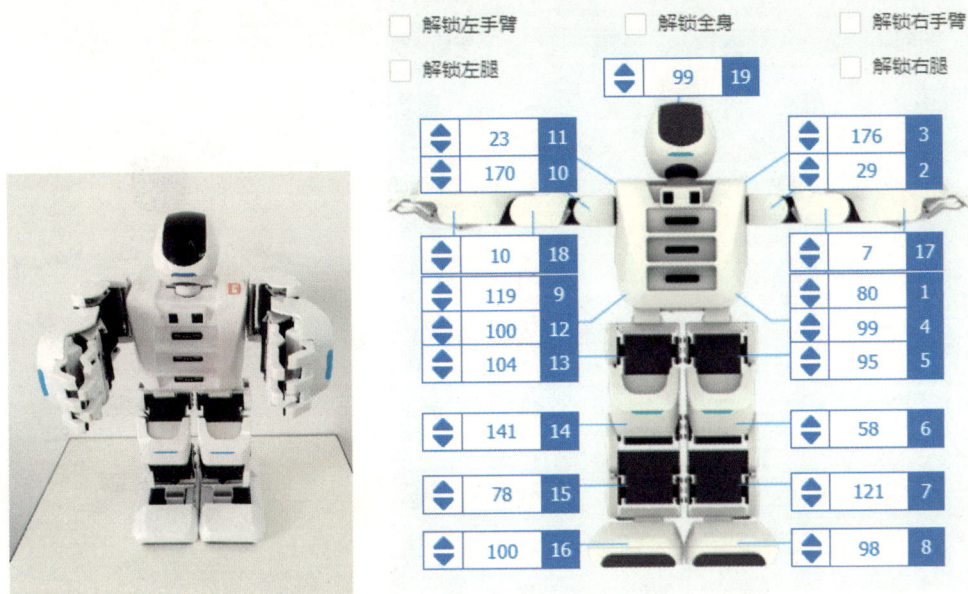

4.解锁1号与9号舵机并掰动舵机，让机器人做出击掌动作，然后将1号与9号舵机加锁。

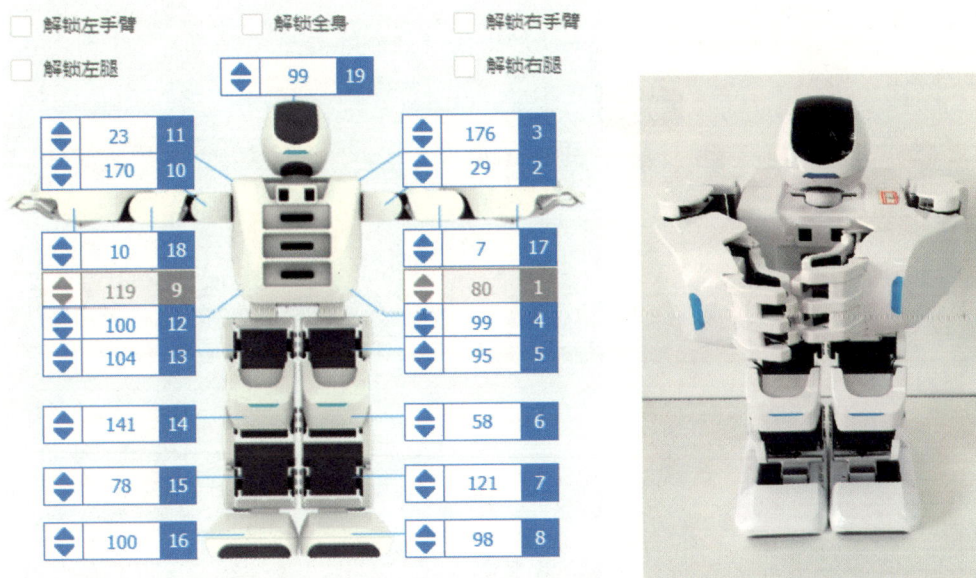

5.使用舵值调整法，点击1号与9号舵机的小三角形，让手掌之间留有一定的空隙，然后点击"增加动作"。

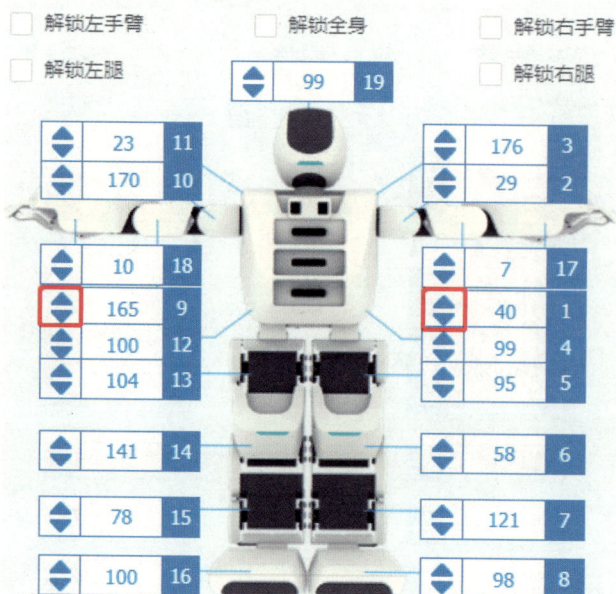

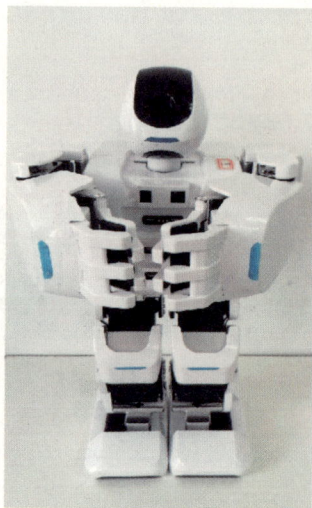

6.点击动作视图区中的"生成模块"，在弹出的小窗口中输入动作名字，如"拍手手"，点击"确定"（编辑区会出现一个名为"拍手手"的指令，这个指令就是我们设计的整体动作指令）。

7.将"拍手手"指令拖入开始内，点击"下载"，重启机器人，机器人就会执行我们设计的"拍手手"动作。

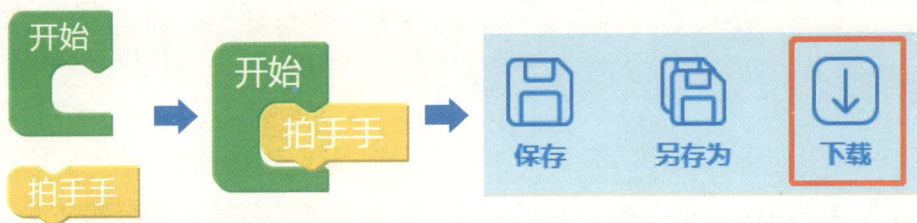

巩固提升

1.完成学习手册中的随堂测验题目，巩固所学知识。

2.为机器人设计动作并搭配合适的音乐，让机器人实现唱跳功能。

· 总 结 评 价 ·		
序　号	学习内容	掌握程度
1	音乐模块使用方法	☆☆☆☆☆
2	自定义音乐的添加方法	☆☆☆☆☆
3	机器人动作设计方法	☆☆☆☆☆
4	机器人动作设计实践	☆☆☆☆☆
心得体会：		

第五课　消防战士小艾——小艾有感觉

学习目标

1. 认识常见的传感器。
2. 掌握火焰传感器的工作原理及使用方法。
3. 掌握 LED 灯和风扇模块的使用方法。

课程导入

在日常生活中，火灾是常见的一种灾害，每当发生火灾时，总有一群人在逆向前行，保护人民群众的生命和财产安全，这群人就是消防官兵们。所以有

人说，消防官兵是和平年代最危险的兵种之一。接下来让我们通过一段视频（详见课件）来了解一下这群最可爱的人吧！

随着科技的发展，消防机器人在灭火和抢险救援中也起到了越来越重要的作用。我们的小艾机器人也可以实现简单的模拟灭火功能，让我们一起来看一下吧！

机器人灭火演示

小艾通过传感器检测到火焰，然后通过风扇模块的转动来吹灭火焰。这节课就让我们一起来学习一下传感器的相关知识吧！

新知讲解

一　认识传感器

Q & A：你认为什么是传感器？你见到过哪些传感器应用案例？

传感器是……传感器应用案例有……

首先让我们来了解一下传感器的概念和一些传感器应用案例吧！

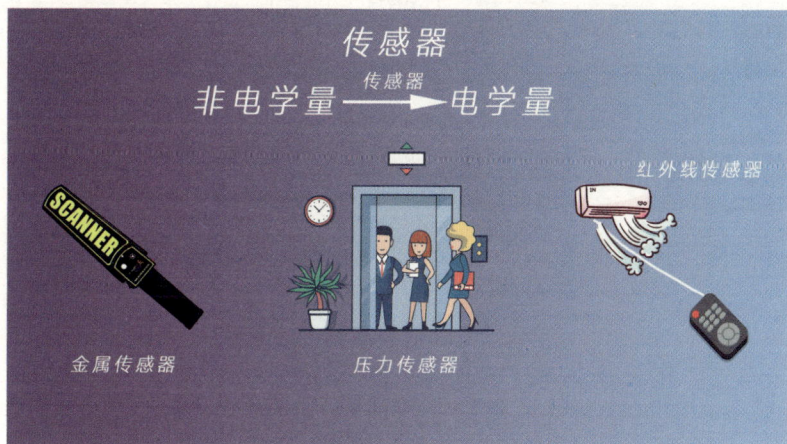

传感器

非电学量 —传感器→ 电学量

金属传感器　　压力传感器　　红外线传感器

传感器介绍

（一）传感器的概念

传感器是一种检测装置，它能感受到被测量的信息，并将感受到的信息，按一定规律转换成为电信号或其他形式的信息输出。

（二）传感器的功能

我们常将传感器的功能与人类五大感觉器官相比拟：

1.压力、温度传感器——触觉。

2.光敏、颜色传感器——视觉。

3.气敏传感器——嗅觉。

4.声敏传感器——听觉。

5.化学传感器——味觉。

小艾身上自带了内置传感器以及传感器端口，另外还配备了数个外置传感器和输出元件，让我们一起来看一下吧！

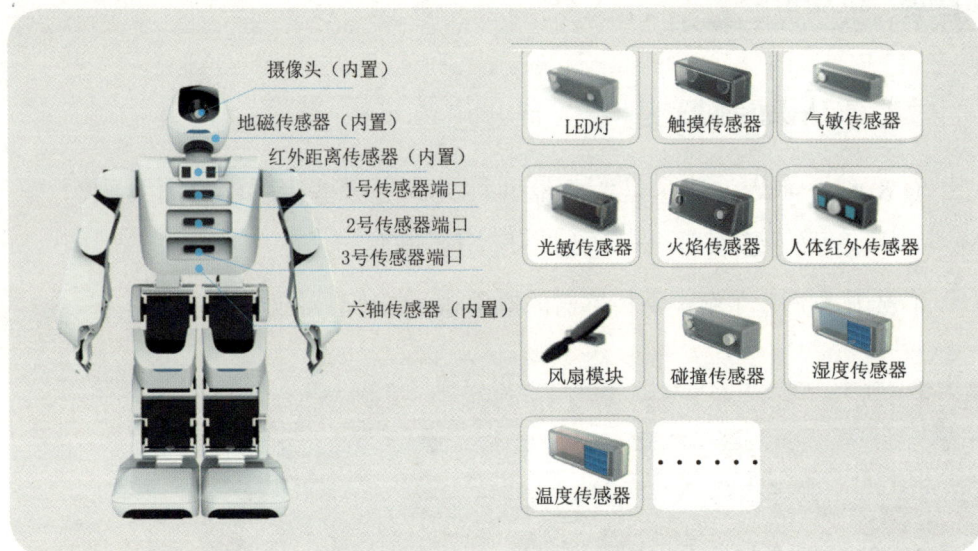

摄像头：获取实时画面，实现颜色分辨、定位追踪、视频回传、人脸识别等功能。

地磁传感器：感知机器人方向变化。

红外距离传感器：根据红外线反射的原理研制，当障碍物出现在红外线区域内时，红外线发射管发出的红外线由于障碍物的遮挡被反射到红外线接收管，通过内部电路处理后输出信号。

传感器端口：用于放置外置传感器和输出元件。机器人背后屏幕上有三个ID值，分别为ID1、ID2、ID3，对应着1号、2号、3号传感器端口。将外置传感器放置在某一传感器端口时，屏幕上显示的对应ID值即为传感器当前数值。例如将触摸传感器放置在1号传感器端口上，则ID1显示的数值就是触摸传感器当前数值。

六轴传感器：感知机器人的姿态变化。

触摸传感器：工作原理是通过表面压力的改变而改变电阻。触摸传感器初始数值大，当在触摸传感器上轻轻一摸，数值变小，再次触摸，数值变为初始值。

气敏传感器：对气体比较敏感，通过检测自身电阻值的大小并经过处理后输出数据。在程序中进行设置后可以让机器人探测到刺激性气体并做出预警等操作。

光敏传感器：利用光敏元件将光信号转换为电信号，对光线敏感。光照越强，电阻越小；光照越弱，电阻越大。

人体红外传感器：人体都有恒定的体温，一般在36℃~37℃，所以会发出特定波长的红外线。人体红外传感器可以探测到人体发出的特殊红外线，进而实现检测功能。

碰撞传感器：它是一个轻触开关，可以在机器人调试中作为紧急开关或者防止碰撞的开关使用。碰撞传感器初始数值小，当按压碰撞传感器后，数值变大。

湿度传感器：检测环境湿度并转换为数值显示。

温度传感器：检测环境温度并转换为数值显示。

认识火焰传感器

火焰传感器探测到的是火焰的特征光线，仅仅对火焰有识别功能，它是灭火任务中必不可少的模块。

注意：火焰传感器只是起到检测作用，经常配合其他输出元件一起使用来实现灭火功能。

（一）做一做

将火焰传感器安装在3号传感器端口上，观察屏幕上对应ID3的数值并记录下来，然后利用打火机产生火焰，将火焰靠近火焰传感器，观察屏幕上ID3数值的变化并记录下来。

（二）观察发现

未检测到火焰时ID3数值大，检测到火焰时ID3数值小。

现在我们可以根据火焰传感器的数值不同来区分是否有火焰的存在，方便我们后续进行程序编写。

（三）思路分析

新建一个变量X，X表示火焰传感器的ID数值。

火焰传感器未检测到火焰时，ID数值为209，检测到火焰时，ID数值为003或00N，所以我们可以取一个中间值100，当X大于100时，我们认为火焰传感器未检测到火焰，当X小于100时，我们认为火焰传感器检测到火焰。

三　LED 灯和风扇模块

LED灯是输出元件，在程序中用1和0两个数值分别表示LED灯通电和断电的情况。输出0，使LED灯点亮；输出1，使LED灯熄灭。

风扇模块是输出元件，在程序中用1和0两个数值分别表示风扇通电和断电的情况。输出1，使风扇旋转；输出0，使风扇停止转动。

（一）做一做

1.编写下面的程序并下载，然后重启机器人。

开始
输出 0 到端口 1

2.将LED灯放到1号传感器端口，观察现象并记录。

3.取下LED灯，将风扇模块放到1号传感器端口，观察现象并记录。

4.编写下面的程序并下载，然后重启机器人。

开始

输出 1 到端口 1

5.将LED灯放到1号传感器端口，观察现象并记录。

6.取下LED灯，将风扇模块放到1号传感器端口，观察现象并记录。

（二）结论

输出数字（　），风扇旋转；输出数字（　），风扇不转。

输出数字（　），LED灯点亮；输出数字（　），LED灯熄灭。

想一想，风扇旋转时的数值与LED点亮时的数值是相同还是相反？

巩固提升

1.完成学习手册中的随堂测验题目，巩固所学知识。

2.熟练掌握火焰传感器和风扇模块的使用方法。

·总结评价·

序　号	学习内容	掌握程度
1	认识常见的传感器	☆☆☆☆☆
2	火焰传感器的工作原理和使用方法	☆☆☆☆☆
3	LED灯和风扇模块的使用方法	☆☆☆☆☆
心得体会：		

第六课　消防战士小艾——战斗吧小艾

学习目标

1. 巩固人体红外传感器和火焰传感器的使用方法。
2. 巩固风扇模块的使用方法。
3. 发挥创意，制作出独特的创新作品。

课程导入

上节课我们认识了一些常见的传感器和输出元件，利用这些传感器和输出元件，我们可以实现许多有趣的创意功能。

这节课就让我们先来通过两个任务巩固一下所学知识，然后再发挥创意，制作出属于自己的独特作品吧！

探究任务

一　智能人体感应风扇

（一）任务目标

将风扇模块和人体红外传感器结合使用，当人体红外传感器感应到有人出现时风扇转动，否则风扇静止不动。

注意：如果人一直处于运动状态，风扇则一直转动；如果人一直处于静止状态，风扇则静止不动。

Q & A：怎样通过人体红外传感器来区分是否有人出现？在程序中又如何表示呢？

通过观察人体红外传感器的……在程序中……

（二）知识回顾

风扇模块是输出元件，在程序中用1和0两个数值分别表示风扇通电和断电的情况。

开始　输出 0 到端口 1

断电——>风扇不转

开始　输出 1 到端口 1

通电——>风扇转动

示例程序：

开始
传感器模块
选择端口 1 选择操作变量 B
如果　B = 0
执行　输出 0 到端口 3
否则执行　输出 1 到端口 3

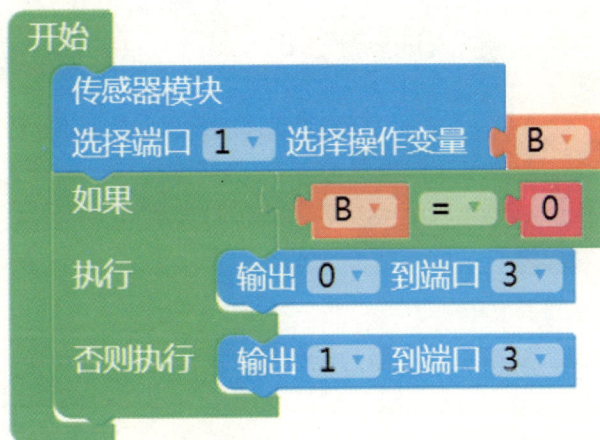

你能解释一下上面的示例程序吗？

（三）解释

将人体红外传感器放置在1号传感器端口，风扇模块放置在3号传感器端口。

新建一个变量B，用来表示人体红外传感器的ID数值。当B等于0时，表示人体红外传感器没有检测到人或者人一直处于静止状态，此时风扇静止不动；当B等于1时，表示人体红外传感器检测到人，此时风扇开始转动。

二　消防战士小艾

（一）任务目标

将风扇模块和火焰传感器结合使用，当传感器检测到火焰，风扇开始转动，吹灭火焰；若传感器未检测到火焰，风扇静止不动。

Q & A：怎样通过火焰传感器来区分是否有火焰？在程序中又如何表示呢？

　　　　　通过观察火焰传感器的……在程序中……

（二）做一做

尝试自己编写一下程序，实现任务目标吧！

示例程序：

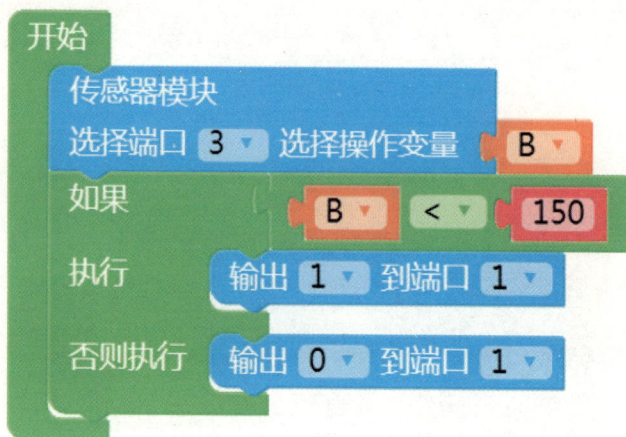

根据所学知识，解释一下上面的示例程序。

三　创意发挥

结合其他传感器和输出元件，丰富机器人的功能，并利用机器人控制方式，让机器人运动起来，让消防战士小艾变得更加智能吧！

巩固提升

1.填写完成学习手册中的内容。

2.发挥创意并制作更多的创新作品。

· 总 结 评 价 ·		
序　号	学习内容	掌握程度
1	人体红外传感器和火焰传感器的使用方法	☆☆☆☆☆
2	风扇模块的使用方法	☆☆☆☆☆
3	制作创新作品	☆☆☆☆☆
心得体会：		

第七课　察言观色的小艾——色彩鉴定师

1. 了解三原色和 RGB 颜色系统。
2. 了解机器人视觉模块，掌握视频回传功能。
3. 掌握颜色识别的方法。
4. 了解函数的定义和使用方法。

课程导入

俗话说"风雨之后见彩虹"，同学们在生活中应该都见过彩虹，那大家知道彩虹有哪些颜色吗？除了下雨过后可以见到彩虹，我们能不能通过一些操作自制彩虹呢？

我们通过眼睛可以看到不同的颜色并将其一一分辨出来，就像看到彩虹时可以辨认出其中的红、橙、黄、绿、青、蓝、紫。与之相似的

是，机器人小艾也可以看到不同的颜色并将其分辨出来，这节课就让我们一起来学习一下吧！

📖 **新知讲解**

一　三原色和 RGB 颜色系统

在美术和光学中有一个非常重要的概念叫作三原色，它是指色彩中不能再分解的三种基本颜色。通常所说的三原色，是指光学三原色以及颜料三原色。

Q & A：三原色是哪三种颜色？三原色有什么作用？

　　　　三原色是指……有了三原色就可以……

三原色是哪三种颜色？

三原色介绍

光学三原色（叠加型）：红色、绿色、蓝色。

颜料三原色（相减型）：品红色、黄色、青色。

通过三原色之间的相互作用，我们可以得到许多其他的颜色，丰富色彩空间。在这里，我们主要学习的是光学三原色，也就是红色（Red）、绿色（Green）和蓝色（Blue）。

RGB代表红、绿、蓝三个通道的颜色，是目前运用最广泛的颜色系统之一，通常情况下，RGB各有256级亮度，用数字表示为从0到255。在值为0时最暗，在值为255时最亮。

二 视觉模块和视频回传

小艾身上装载着一个高像素摄像头，可以实现人脸识别、颜色分辨、定位追踪、视频回传等功能。

使用颜色分辨和定位追踪功能时，机器人不需要联网，使用人脸识别功能时，机器人需要连接网络（机器人和电脑需要连接同一网络），未联网时机器人屏幕上显示的IP地址是127.0.0.1，联网后显示的数值为当前IP地址。

机器人联网方法：

首先将电脑连接上网络，然后打开软件，用数据线将机器人连接电脑。接着依次进行如下操作。

①打开机器人串口。

②点击WiFi联网。

③输入WiFi名称和密码，注意和电脑网络一致，然后点击"确定"。

④连接成功。

⑤联网成功后，机器人背后屏幕上显示当前IP地址。

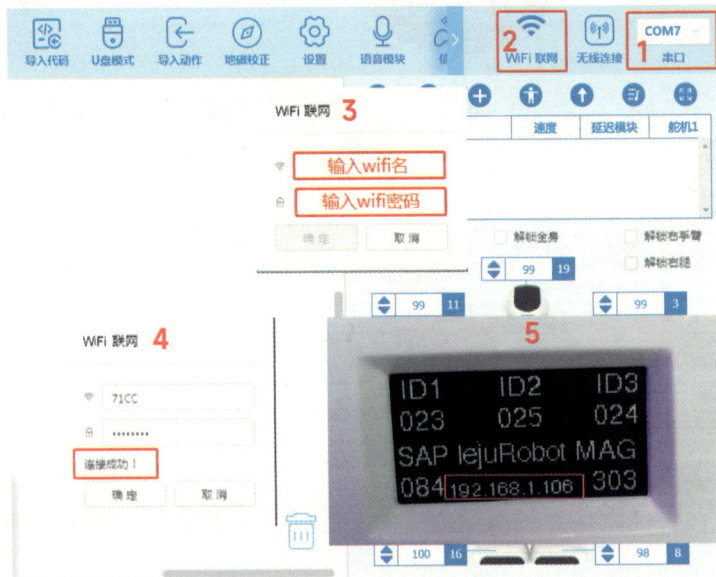

机器人联网成功后可以看到背后屏幕上出现了一个IP地址，点击软件菜单栏中的视频回传按钮，选择自己的机器人对应的IP地址，就可以使用视频回传功能查看机器人摄像头当前拍摄的画面了。

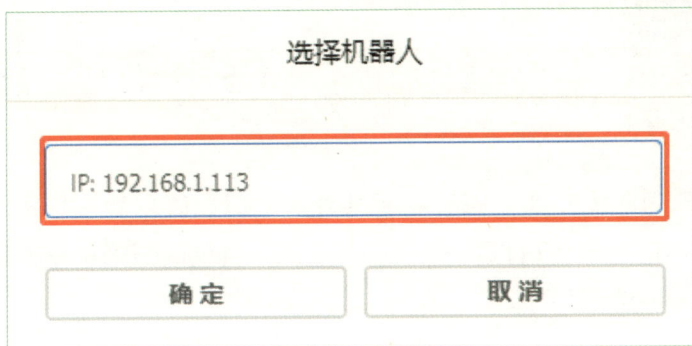

选择机器人

IP: 192.168.1.113

确　定　　　　取　消

小提示：机器人联网成功后，不需要连接数据线就可以使用视频回传功能。

三　颜色识别

在进行视频回传时，我们把鼠标移动到视频回传框内的某个位置时会出现三个参数：POS、RGB和HSV。

POS表示鼠标位置的坐标，RGB表示识别到的当前位置物体的RGB颜色色值，HSV表示识别到的当前位置物体的HSV颜色色值。

视频回传

POS:(164,62)
RGB:(115,132,73)
HSV:(39,114,132)

颜色识别步骤：

1.首先确定想要识别的物体的RGB颜色色值。

2.编写下图所示程序，对目标物颜色进行标记。

3.打开视频回传界面，就可以看到有一个白色的矩形框框选出了我们的目标色（矩形框的颜色可以在程序中更改），白色的矩形框会跟随着目标物移动。

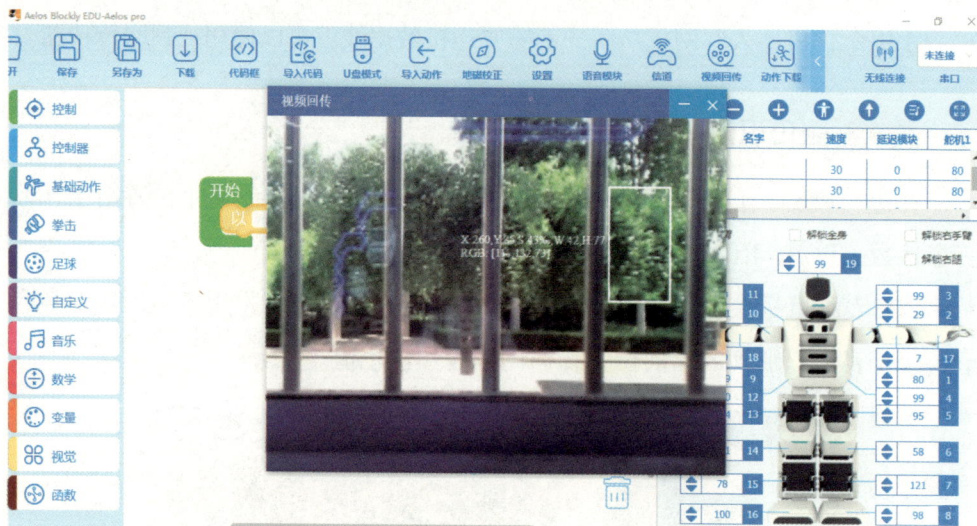

我们在标记目标物后会发现矩形框下面有一些参数，这些参数代表的含义如下所示。

X，Y：代表了当前标记矩形框中心点的坐标。

S：代表了当前标记矩形框在画面中的占比。

W，H：代表了当前标记矩形框的宽度和高度。

RGB：代表了当前标记矩形框中物体的RGB颜色色值。

四　函数

日常生活中，要完成一项复杂的功能，我们总是习惯把"大功能"分解为多个"小功能"以实现。在编程的世界里，"功能"可称呼为"函数"，因此"函数"其实就是一段实现了某种功能的代码，并且可以供其他代码调用。

如果同样的功能需要被多次使用，或者当功能较多，同时代码量比较大的时候，我们就可以使用函数来简化程序。

软件中与函数相关的程序指令如下：

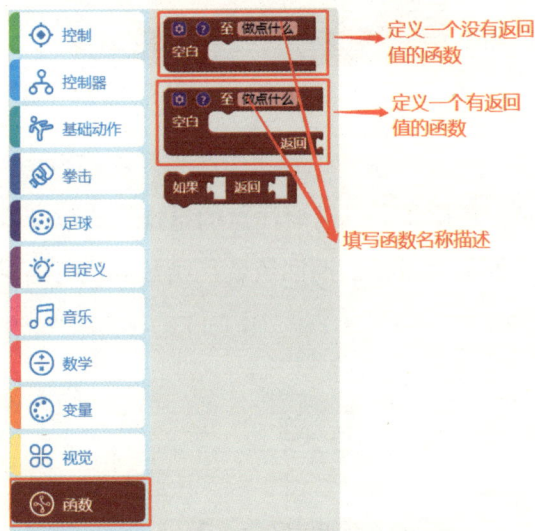

定义函数时需要填写函数名称描述，这是为了让后续使用者能够明白函数的功能，以便进行快速调用。

（一）无返回值函数的定义方法

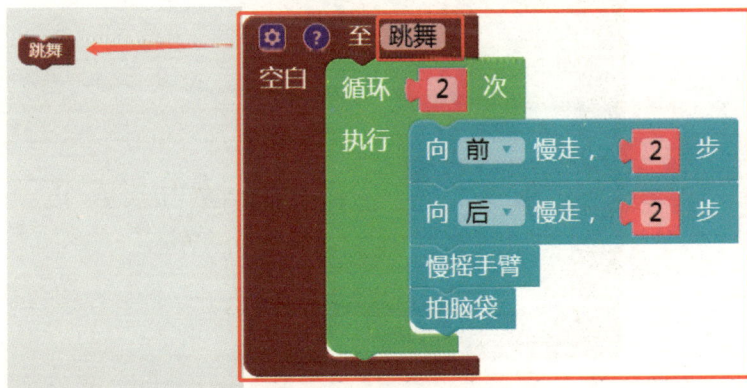

在这里我们定义了一个叫作"跳舞"的函数，在指令栏中会自动出现"跳舞"程序指令。

（二）有返回值函数的定义方法

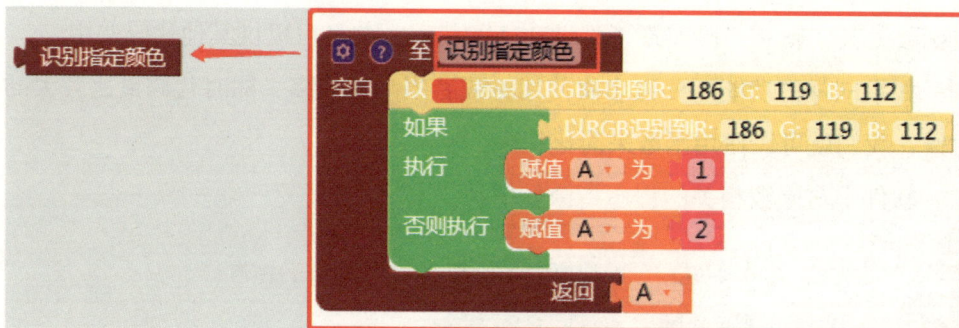

在这里我们定义了一个叫作"识别指定颜色"的函数，在指令栏中会自动出现"识别指定颜色"程序指令，需要注意的是这个函数有返回值。

很多函数都有返回值，所谓的返回值就是函数的执行结果。

当机器人识别到R（186）G（119）B（112）时，"识别指定颜色"函数的返回值A是1，否则返回值A是2。

（三）函数的使用方法

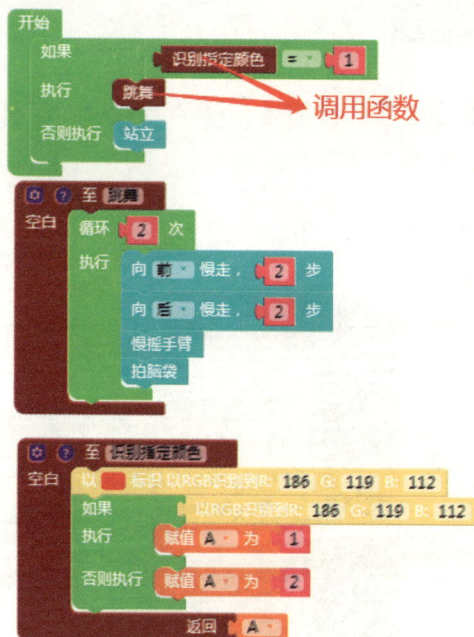

首先定义"跳舞"和"识别指定颜色"两个函数，然后在主程序中就可以调用这两个函数了，这样可以让主程序保持简洁。

巩固提升

1. 完成学习手册中的随堂测验题目，巩固所学知识。

2. 练习函数的定义和使用方法。

· 总 结 评 价 ·

序　　号	学习内容	掌握程度
1	三原色和 RGB 颜色系统	☆☆☆☆☆
2	视觉模块和视频回传	☆☆☆☆☆
3	颜色识别的方法	☆☆☆☆☆
4	函数的定义和使用方法	☆☆☆☆☆
心得体会：		

第八课　察言观色的小艾——初识人脸识别

学习目标

1. 了解人脸识别的概念和原理。

2. 了解各种人脸属性识别的原理。

3. 掌握人脸属性识别程序的编写方法。

课程导入

近年来，人脸识别技术作为人工智能技术的领域之一，进入了高速发展期，其应用场景也变得越来越广泛，下面让我们通过一段视频（详见课件）一起来了解一下吧！

人脸识别应用场景

📖 **新知讲解**

一　人脸识别简介

人脸解锁、刷脸支付、刷脸考勤等等都是人脸识别技术的应用场景，请同学们根据日常生活中的经验来思考并回答下面的问题吧！

Q & A：什么是人脸识别？机器是如何实现人脸识别功能的？

　　　　人脸识别是……机器通过……

**基于人的
脸部信息特征**

人脸识别介绍

人脸识别，是基于人的脸部特征信息进行身份识别的一种生物识别技术。它是用摄像机或摄像头采集含有人脸的图像或视频流，并自动在其中检测和跟踪人脸，进而对检测到的人脸进行相关识别的技术。

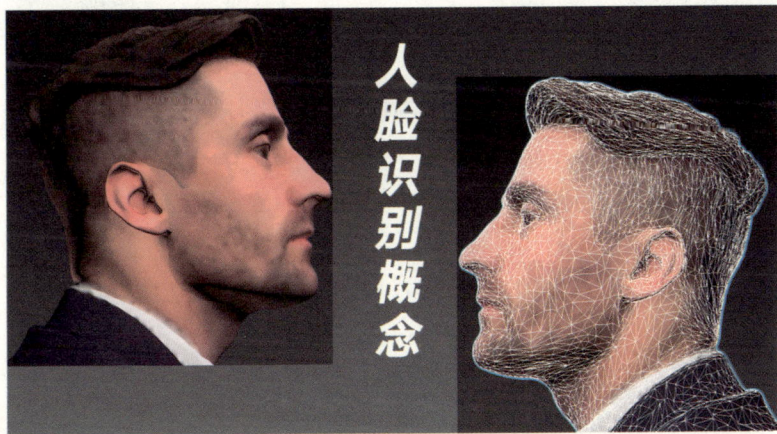

人脸识别概念

通过人脸定位、特征提取、匹配识别等过程，机器就能实现人脸识别功能。与人类通过鼻子、嘴巴、脸型来记忆人脸不同，机器能学习人脸的细节，为其输出1024维的特征，即使是人们眼中非常相似的人脸，机器也能立刻区分开来。

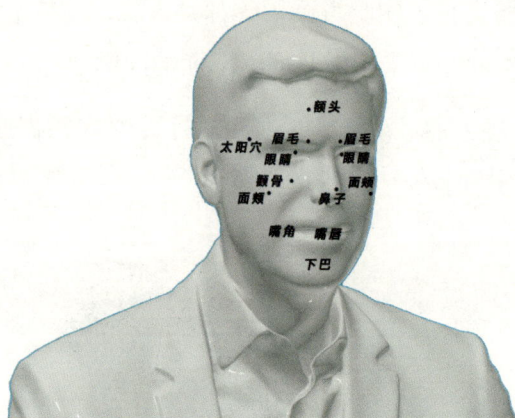

想要实现人脸识别功能，需要用到机器人和软件中的视觉程序指令。

硬件　　　　　　　　　　软件

人脸包含性别、年龄和表情三大属性，接下来让我们一起学习一下如何实现人脸属性识别吧！

二　人脸属性识别

（一）性别识别

利用计算机视觉来辨别和分析图像中的人脸性别。在计算过程中通过消除数据中的相关性，将高维图像降低到低维空间，而训练集中的样本则被映射成低维空间中的一点。当需要判断测试图片的性别时，就需要先将测试图片映射到低维空间中，然后计算离测试图片最近的样本点是哪一个，将最近样本点的性别赋值给测试图片即可。

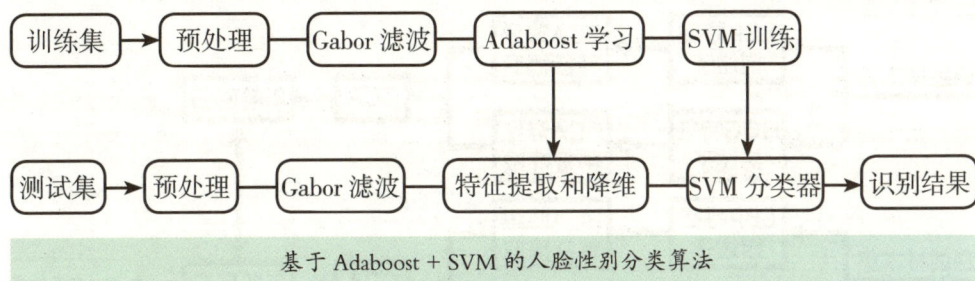

基于 Adaboost + SVM 的人脸性别分类算法

性别识别示例程序：

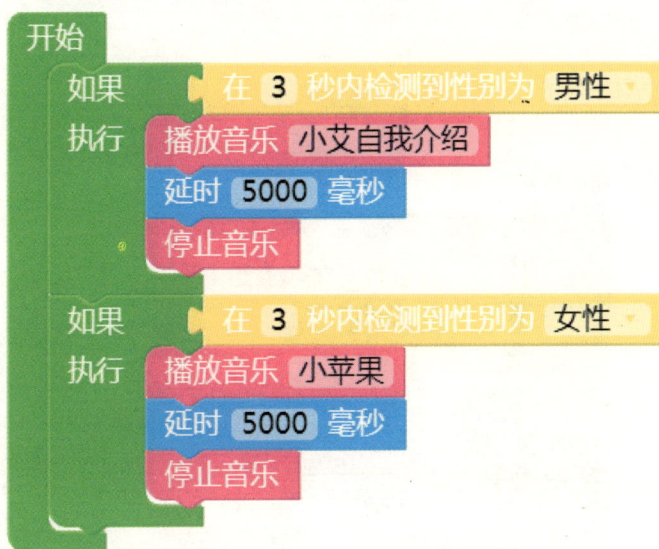

编写程序并下载，根据机器人执行结果来判断被识别对象的性别。如果播放音乐"小艾自我介绍"，则表明被识别对象是"男性"，如果播放音乐"小苹果"，则表明被识别对象是"女性"。

注意：性别识别的结果存在一定的错误概率。

（二）年龄估计

人的年龄特征在外表上很难被准确地观察出来，人脸的年龄特征通常表现在皮肤纹理、皮肤颜色、光亮程度等方面，而这些因素通常与个人的遗传基因、生活习惯、性别、性格特征以及工作环境等方面相关。所以我们很难用一个统一的模型去定义人脸图像的年龄。若想要较好地估出人的年龄段，可以将年龄分成几类，比如：儿童、少年、青年、中年和老年。

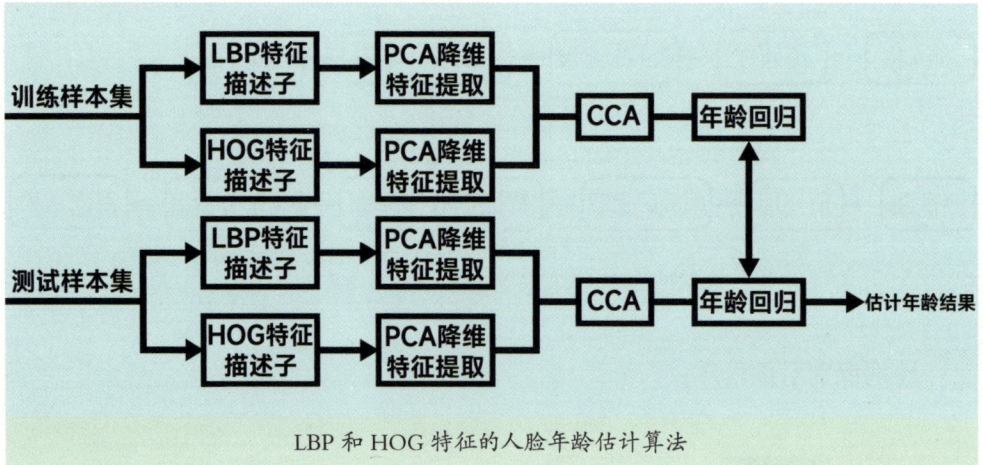

LBP 和 HOG 特征的人脸年龄估计算法

年龄估计示例程序：

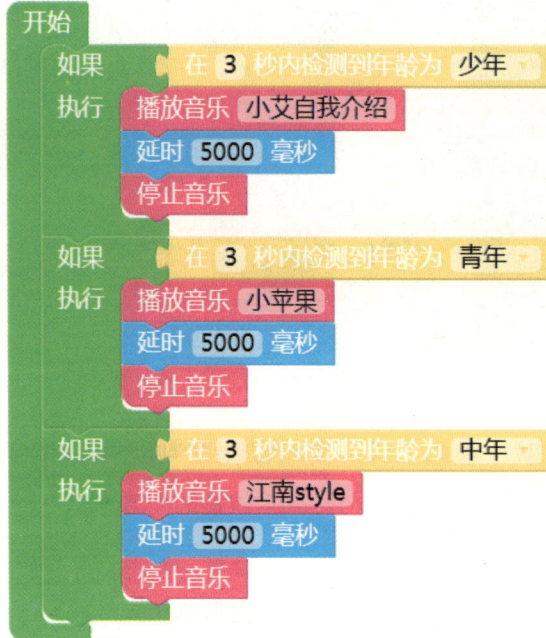

编写程序并下载，根据机器人执行结果来判断被识别对象的年龄段。如果播放音乐"小艾自我介绍"，则表明被识别对象的年龄段是"少年"，如果

播放音乐"小苹果"，则表明被识别对象的年龄段是"青年"，如果播放音乐"江南style"，则表明被识别对象的年龄段是"中年"。

（三）表情识别

人脸表情是情绪状态和心理状态表现出来的一种重要形式。心理学家研究表明，只有7%的信息通过语言来表达，有38%的信息通过辅助语言来传达，如节奏、语音、语调等，而占比重最大的是人脸表情——达到总量的55%。也就是说，我们通过观察人脸表情可以得到很多有价值的信息，比如人的情绪和心理活动等，这也就是我们常说的人脸表情识别。

表情识别示例程序：

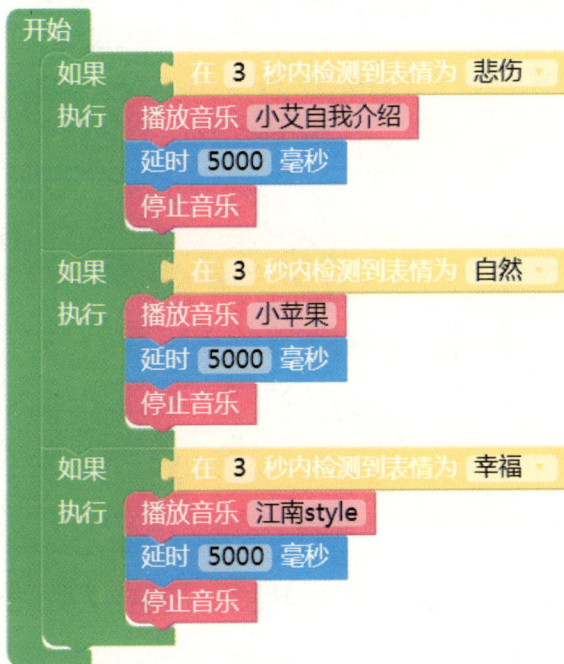

编写程序并下载，根据机器人执行结果来判断被识别对象的表情。如果播放音乐"小艾自我介绍"，则表明被识别对象的表情是"悲伤"，如果播放音乐"小苹果"，则表明被识别对象的表情是"自然"，如果播放音乐"江南style"，则表明被识别对象的表情是"幸福"。

注意：自然和幸福最容易被识别出来，其余表情识别难度比较大。

巩固提升

1. 完成学习手册中的随堂测验题目，巩固所学知识。

2. 熟练掌握人脸属性识别程序的编写方法。

· 总结评价 ·

序　号	学习内容	掌握程度
1	人脸识别的概念和原理	☆☆☆☆☆
2	人脸属性识别的原理	☆☆☆☆☆
3	人脸属性识别程序的编写方法	☆☆☆☆☆
心得体会：		

第九课　私人订制小艾——人人都是设计师

1. 巩固学过的知识。

2. 完成设计任务并实现功能。

知识回顾

通过前面的学习，我们的课程已经接近尾声了。俗话说"磨刀不误砍柴工"，在我们进行最后的设计任务之前，先让我们用关键词的方式来简单回顾一下学习过的内容吧！

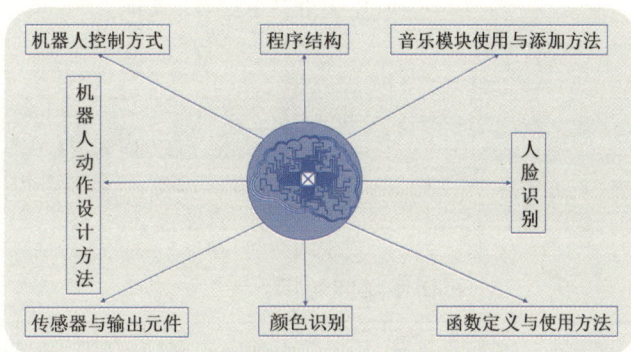

机器人控制方式　程序结构　音乐模块使用与添加方法　机器人动作设计方法　人脸识别　传感器与输出元件　颜色识别　函数定义与使用方法

机器人控制方式：遥控器控制、图形化编程控制、语音控制。

程序结构：顺序结构、选择结构、循环结构。

音乐模块使用与添加方法：音乐列表、MP3格式、自定义添加。

机器人动作设计方法：手工扭转法、舵值调整法（点击小三角、输入舵机值）。

传感器与输出元件：检测装置、0和1。

颜色识别：POS、RGB、HSV。

函数定义与使用方法：无返回值函数、有返回值函数、函数调用。

人脸识别：性别识别、年龄估计、表情识别。

探究任务

利用本课程所学知识，自由设计任务并通过编程实现最终功能。

任务要求如下：

1.程序中用到的音乐请尽量使用自定义添加音乐的方法进行添加。

2.程序中必须包含利用机器人动作设计方法自主设计的动作。

3.程序中必须包含函数。

4.程序中必须使用到颜色识别功能或人脸识别功能。

5.小组成员分工合作，任务完成后保留设计过程文本资料。

巩固提升

填写完成学习手册中的设计过程。

· 总 结 评 价 ·

序　号	学习内容	掌握程度
1	巩固学过的知识	☆☆☆☆☆
2	完成设计任务并实现功能	☆☆☆☆☆
心得体会：		

第十课　私人订制小艾——我型我秀

学 习 目 标

1. 完成任务成果分享展示。

2. 总结概括学习感想。

分享展示

在上节课中我们利用学过的知识完成了任务设计，并且成功实现了想要的功能，这节课让我们先来进行分享展示吧！

展示内容如下：

1. 小组成员介绍（组长、组员）。

2. 成员分工介绍（任务分配情况）。

3. 效果简介（任务最终实现的功能）。

4. 效果展示（实际展示功能操作情况）。

5. 学习感想（总结概括人工智能课程的学习感想）。

展示要求如下：

1. 声音洪亮。

2. 表述清晰。

综合评比

　　各小组都完成分享展示后，根据评分标准从小组内部、小组之间、教师三个维度进行小组自评、小组互评和教师评价，以最终得分进行评比。

巩固提升

　　填写完成学习手册中的课程感言。

序　号	学习内容	掌握程度
1	完成任务成果分享展示	☆☆☆☆☆
2	总结概括学习感想	☆☆☆☆☆

· 总结评价 ·

心得体会：

中等职业学校创新创业课程系列丛书

科技双创启迪课程
——探索物联网技术应用

山东智慧天下课程编写组　著

山东城市出版传媒集团·济南出版社

图书在版编目（CIP）数据

探索物联网技术应用/山东智慧天下课程编写组著
. -- 济南：济南出版社，2022.7
科技双创启迪课程
ISBN 978-7-5488-5167-7

Ⅰ.①探… Ⅱ.①山… Ⅲ.①物联网－中等专业学校
－教材 Ⅳ.①TP393.4②TP18

中国版本图书馆CIP数据核字(2022)第119639号

科技双创启迪课程 —— 探索物联网技术应用

KEJI SHUANGCHUANG QIDI KECHENG
—— TANSUO WULIANWANG JISHU YINGYONG

出 版 人	田俊林
责任编辑	尹利华　叶　子
装帧设计	曹晶晶
出版发行	济南出版社
地　　址	山东省济南市二环南路1号(250002)
编辑热线	0531-86131748
发行热线	0531-86131728　86922073　86131701
经　　销	全国新华书店
印　　刷	济南鲁艺彩印有限公司
版　　次	2022年7月第1版
印　　次	2022年7月第1次印刷
成品尺寸	185mm×260mm　16开
印　　张	5.75
字　　数	97千
定　　价	198.00元（全三册）

序 言

当前，大众创业、万众创新的理念正日益深入人心，创新创业教育也在国家政策的大力推动下走入各级各类学校。中职学校开展创新创业教育虽起步较晚，但由于校内外实训基地较多，学生学业压力相对较小，又有实力雄厚的专业师资保障，因此中职学校的创新创业教育有着得天独厚的优势。

然而，中职学校开展创新创业教育毕竟是一个新的尝试，目前还尚未形成一个明确而清晰的知识体系，也未能构建起与之相适应的课程体系，更缺少兼有科学性、技术性和先进性的中职创新创业教育教材。不少学校虽打造了创客空间，购置了各种先进的教学设备，但苦于没有配套的教材，导致这些"高投入"并未获得"高产出"。

为解决这一现实问题，山东智慧天下课程编写组依托多年创新创业教育的工作积累和扎实的技术底蕴，汇集了创业成功人士、中职学校指导教师以及教学研究人员在创新创业教育相关课程的教学经验，"校企研"多方合作，编写了一套真正适合中职学生学习使用的创新创业课程系列丛书，解决了中职学校创新创业教育缺少教材或者教材质量不高的难题。

《科技双创启迪课程——探索物联网技术应用》是中等职业学校创新创业课程系列丛书的第二册，属于创新创业课程中的专业拓展提升课程，是对创新创业教育理论知识学习的延伸，是一本适合中职学生学习基础的创新创业教材。

全书共13课，从工作过程和工作任务出发，对接真实的项目开发过程，基于工作过程构建知识架构。从学生熟悉的物联网应用场景入手，学习物联网基本原理，了解物联网的应用，为后续学习打下坚实的基础。利用物联网创新套件和创新云平台，运用物联网知识，完成"在线花匠""远程喂食器"和"智慧电梯"等项目的搭建、调试与运行，从而激发学生的创新思维，培养其创新创业意识与能力，提升综合素质，为学生成为技术技能型人才奠定基础。

本书主要有以下特点：

一、注重课程思政的有机融入。弘扬创新精神、工匠精神，有助于学生形成正确的世界观、人生观和价值观；

二、教学内容丰富。由浅入深，结构清晰，教学方法科学，富有启发性，图文排版精美，有利于激发学生的学习兴趣；

三、注重创新思维、创新意识与能力的培养。本书采用大量中职学生熟悉的物联网应用典型实例，有助于激发学生的求知欲，训练创新思维，提升创新创业意识与能力。

由于编者学识和水平所限，书中不妥和错漏之处在所难免，敬请读者批评指正。

吕猛

2022 年 6 月

目录

·学习目标·

◎ 了解物联网的概念和发展史。

◎ 了解物联网的应用领域和应用案例。

◎ 了解物联网的发展前景和影响。

·学习目标·

◎ 认识"无极"物联网创新套件。

◎ 学习物联网产品案例并进行市场分析。

◎ 构想物联网产品案例并进行市场分析。

·学习目标·

◎ 了解"无极"物联网创新套件的组成部分。

◎ 了解米思齐软件的界面和功能。

◎ 了解"无极"物联网创新平台的使用方法。

◎ 完成动手小实验的内容。

·学习目标·

◎ 掌握土壤湿度传感器电路的
　搭建方法。
◎ 掌握土壤湿度传感器云平台
　模块的创建方法。
◎ 掌握土壤湿度传感器程序的
　编写与上传方法。
◎ 掌握观察任务效果的方法。

·学习目标·

◎ 掌握电机和跳线帽的使用方法。
◎ 掌握电机云平台模块的创建方法。
◎ 掌握电机程序的编写与上传方法。
◎ 掌握观察任务效果的方法。

·学习目标·

◎ 掌握触碰开关和舵机的使用
　方法。
◎ 掌握触碰开关和舵机云平台
　模块的创建方法。
◎ 掌握触碰开关和舵机程序的
　编写与上传方法。
◎ 掌握观察任务效果的方法。

·学习目标·

◎ 巩固学过的知识。

◎ 完成设计任务并实现功能。

·学习目标·

◎ 总结项目中的知识点。

◎ 完成项目升级。

◎ 准备分享内容。

·学习目标·

◎ 完成项目成果分享展示。

◎ 进行项目综合评比。

◎ 总结学习感想。

·学习目标·

◎ 了解超声波、RGB彩灯的功能
　　及应用。

◎ 学会在云平台中创建超声波
　　模块。

◎ 认识新的编程模块，完成程序
　　编写。

◎ 完成实验电路搭建任务。

·学习目标·

◎ 了解人体红外传感器的功能
　　及应用。

◎ 学会在云平台中创建人体红
　　外传感器模块。

◎ 认识新的编程模块，完成程
　　序编写。

◎ 完成实验电路搭建任务。

·学习目标·

◎ 复习巩固"智慧电梯"项目
　　电路搭建、云平台模块创建
　　及程序编写的相关知识。

◎ 小组合作，组建合理的"智
　　慧电梯"模型。

◎ 成功实现"智慧电梯"功能。

·学习目标·

◎ 加深对"智慧电梯"项目中
　　涉及的物联网知识的理解。

◎ 锻炼语言表达能力。

◎ 分析"智慧电梯"项目的市
　　场价值。

第一课　你好，物联网

学习目标

1. 了解物联网的概念和发展史。
2. 了解物联网的应用领域和应用案例。
3. 了解物联网的发展前景和影响。

课程导入

在日常生活中同学们肯定都听说过"互联网"这个词语，我们使用的手机、电脑等都需要连接上互联网才能获取实时资讯，实现丰富的功能。

除了互联网之外，还有一种技术叫作"物联网"，它可以让我们的生活和工作变得更加便捷高效，接下来就让我们通过一段视频一起来了解一下吧！

未来生活视频

看完视频之后，相信大家对物联网已经有了一定的认识，这节课就让我们一起来学习一下物联网的基础知识吧！

新知讲解

一　物联网简介

Q & A：你认为什么是物联网？

　　　　我认为物联网是……

让我们通过一段视频来加深对物联网的了解吧！

物联网（Internet of Things）：简称IOT，物联网即"万物相连的互联网"，是互联网的延伸和扩展，是将各种信息传感设备与互联网结合起来而形成的一个巨大网络，能实现在任何时间、任何地点，人、机、物的互联互通。

物联网介绍

认识物联网

在了解了物联网的概念之后，我们再来看一下它的发展史吧！

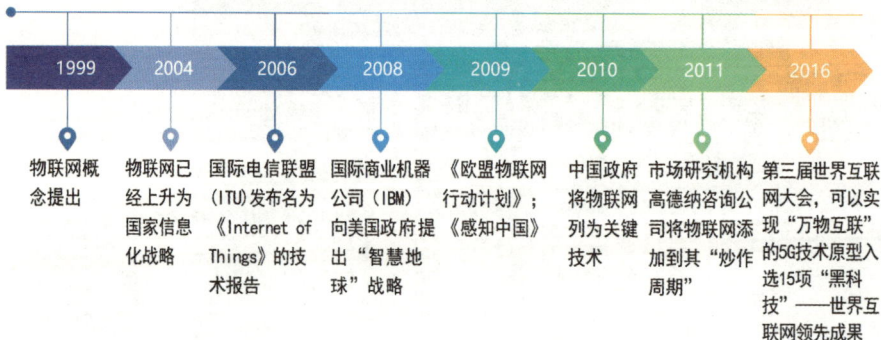

1999	2004	2006	2008	2009	2010	2011	2016
物联网概念提出	物联网已经上升为国家信息化战略	国际电信联盟（ITU）发布名为《Internet of Things》的技术报告	国际商业机器公司（IBM）向美国政府提出"智慧地球"战略	《欧盟物联网行动计划》；《感知中国》	中国政府将物联网列为关键技术	市场研究机构高德纳咨询公司将物联网添加到其"炒作周期"	第三届世界互联网大会，可以实现"万物互联"的5G技术原型入选15项"黑科技"——世界互联网领先成果

二　物联网应用

Q & A：你在生活中见到过哪些物联网技术的应用？

我见到过的物联网技术应用有……

随着物联网技术的不断发展，它被应用到越来越多的场景中，极大地改变了我们的生活。接下来就让我们通过一些具体案例（详见课件）来了解一下。

Q & A：与普通遥控器相比，智能遥控器的哪些功能属于创新？

智能遥控器的创新功能有……

Q & A：智能公交有哪些功能属于创新？

智能公交的创新功能有……

Q & A：智能仓储有哪些功能属于创新？

智能仓储的创新功能有……

应用创新是物联网发展的核心。应用创新的定义是源于用户需求、为用户带来价值的创新应用设计，是以用户为中心，注重用户创新，置身用户应用环境的变化，通过用户参与创意提出到技术研发、验证与应用的全过程，发现并解决用户的现实与潜在需求，通过各种创新的技术与产品应用，推动技术创新。

物联网的应用领域非常广泛，具体如下图所示：

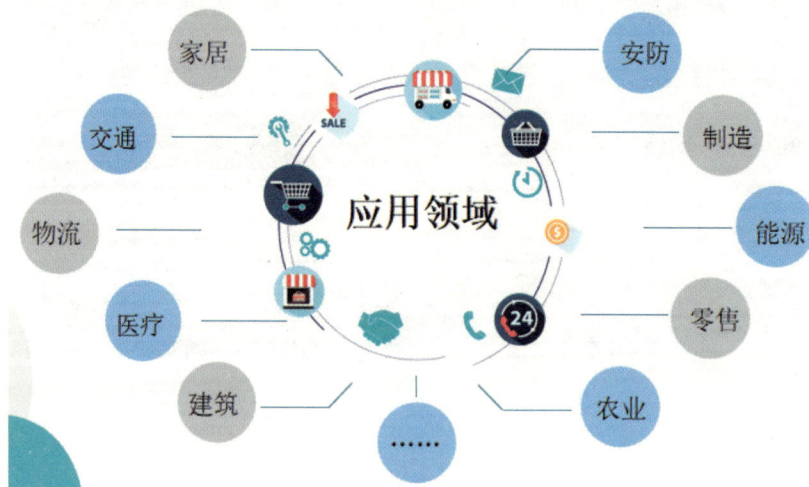

三　物联网的发展与影响

Q ＆ A：你认为物联网技术会发展成什么样子？会产生什么样的影响？

我认为物联网技术会……

目前物联网平台的研发依然处在未完全成熟的阶段，大量的技术标准还有待建立和完善。

5G通信技术的发展以及云端和AI的融合，将为物联网带来诸多创新和发展机会，未来物联网将会得到更加广泛的应用。让我们通过一段视频（详见课件）来了解一下吧！

物联网离我们有多远

巩固提升

完成学习手册中的随堂测验题目，巩固所学知识。

· 总结评价 ·

序　号	学习内容	掌握程度
1	物联网的概念和发展史	☆☆☆☆☆
2	物联网的应用领域和应用案例	☆☆☆☆☆
3	物联网的发展前景和影响	☆☆☆☆☆
心得体会：		

第二课　身边的物联网

学习目标

1. 认识"无极"物联网创新套件。
2. 学习物联网产品案例并进行市场分析。
3. 构想物联网产品案例并进行市场分析。

课程导入

经过上节课的学习，我们了解了物联网的概念、发展史、应用领域、应用案例、发展情况与发展影响等基本知识，那么作为学生来说，我们可以利用物联网技术来做些什么呢？这就是我们这节课的学习内容，让我们一起来看一下吧！

新知讲解

一　"无极"物联网创新套件

利用物联网技术可以制作具体的物联网产品，但是在制作过程中需要用到一些硬件，在本课程中我们搭配了一套"无极"物联网创新套件，可以轻松实现物联网创意，让我们通过一段视频来简单了解一下吧！

物联网创新套件

物联网创新套件介绍

　　"无极"物联网创新套件构建了一个设备与设备之间通信的生态，全面实现物联网通信的模拟以及创意迸发，支持远程医疗、智慧家庭等应用场景。其特点如下：

　　1.传感器种类丰富、外形结构统一。

　　2.支持Mixly图形化/Arduino代码编程平台。

　　3.支持海量连接，高并发、低延时。

　　"无极"物联网创新套件组成部分如下图所示：

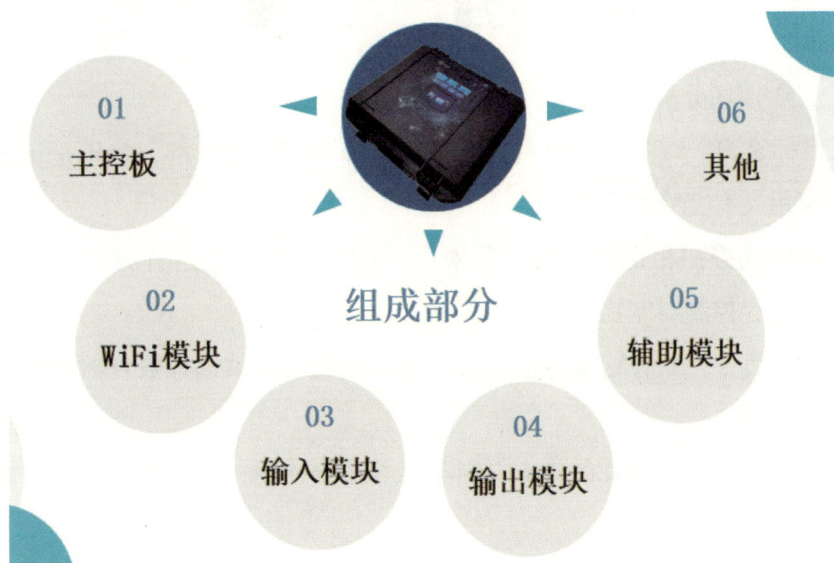

01 主控板

06 其他

02 WiFi模块

组成部分

05 辅助模块

03 输入模块

04 输出模块

二　物联网产品案例及市场分析

本课程中的物联网产品是利用"无极"物联网创新套件制作而成，将编写好的程序上传至主控板，通过传感器采集数据，将数据传输至云平台，并通过云平台控制输出元件，实现设定功能，为客户提供有价值的产品。

（一）产品案例

远程喂食器，如下图所示：

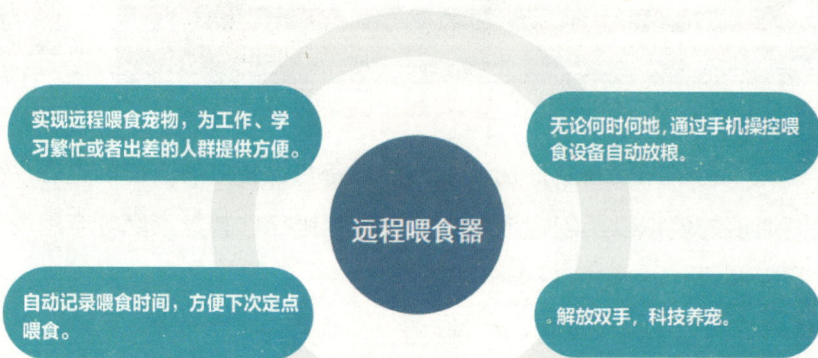

（二）市场分析

1.目标客户：该款喂食器目标客户为全体养宠物的人群，特别是工作学习繁忙、家里又有宠物的人群。

2.竞争优势：相比手动喂食器来说，该款远程喂食器省时省心，操作简单，可以远程控制对宠物进行喂食。

3.发展趋势：随着越来越多的人开始养宠物，该款远程喂食器所面向的市场会越来越大。

4.发展潜能：该款喂食器不限制于家养宠物使用，动物的爱心救助站也可配备，可供多宠物使用。

三　物联网产品案例构想及市场分析

Q & A：你能想到什么物联网产品？对其进行市场分析吧！

我想到的物联网产品是……

例：远程开门器和远程关窗器，如下图所示。

远程开门器的使用场景：放快递、家人忘带钥匙等。

物联网创想

远程关窗器的使用场景：下雨天远程关窗等。

请同学们从目标客户、竞争优势、市场趋势和发展潜能等方面进行分析。

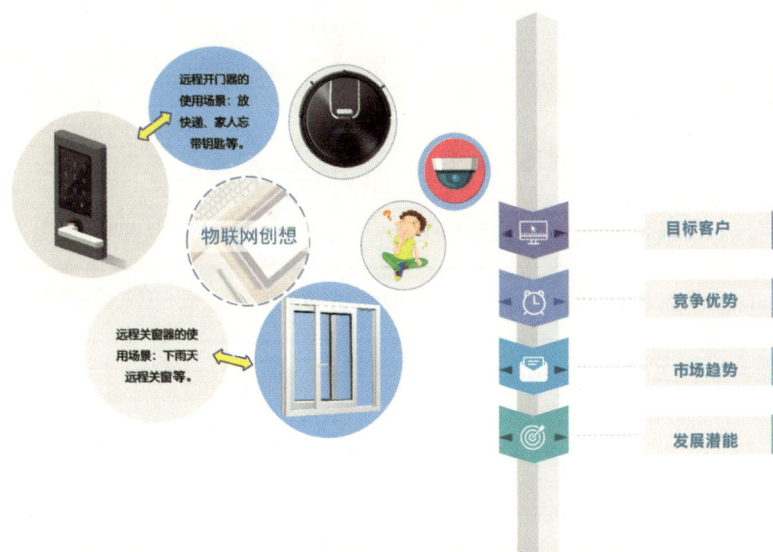

远程开门器的使用场景：放快递、家人忘带钥匙等。

物联网创想

远程关窗器的使用场景：下雨天远程关窗等。

目标客户

竞争优势

市场趋势

发展潜能

教具收纳

使用完"无极"物联网创新套件后，我们需要将其按照标准进行收纳，具体如下图所示：

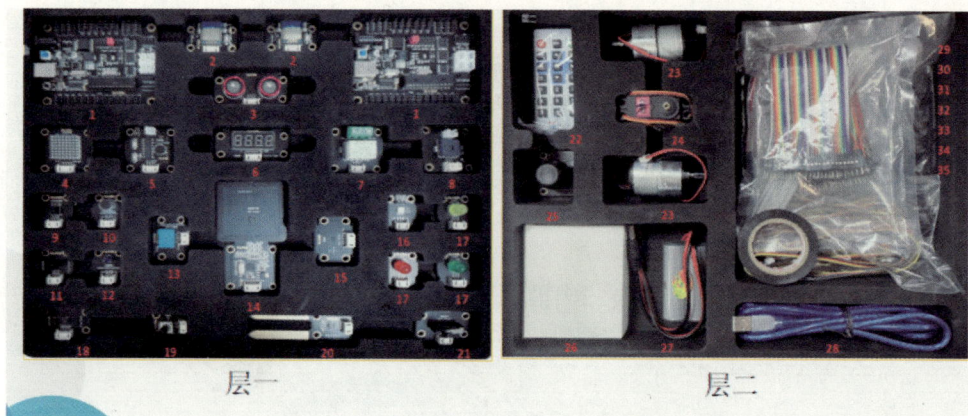

层一

层二

巩固提升

1. 完成学习手册中的随堂测验题目，巩固所学知识。

2. 熟练掌握"无极"物联网创新套件中的电子元件名称与摆放位置。

· 总结评价 ·

序　号	学习内容	掌握程度
1	"无极"物联网创新套件	☆☆☆☆☆
2	物联网产品案例及市场分析	☆☆☆☆☆
3	构想物联网产品案例并进行市场分析	☆☆☆☆☆
心得体会：		

第三课　走近物联网

学习目标

1. 了解"无极"物联网创新套件的组成部分。
2. 了解米思齐软件的界面和功能。
3. 了解"无极"物联网创新平台的使用方法。
4. 完成动手小实验的内容。

课程导入

中国有句俗话叫作"工欲善其事，必先利其器"，意思是说想要做好一件事，准备工作是非常重要的。

对于我们来说，想要制作完成一个完整的物联网作品，要做哪些准备呢？这节课就让我们一起来探索一下吧！

新知讲解

一　"无极"物联网创新套件

上节课我们简单认识了一下"无极"物联网创新套件，知道了它可以用来做些什么。这节课就让我们进一步了解下"无极"物联网创新套件的组成部分吧！

（一）主控板

主控板名称是BT-Arduino，它是基于Arduino UNO主板开发的，Arduino UNO主板是Arduino标准开发板。

该主控板高度集成，同时具备兼容Arduino IDE编程、Mixly图形化编程，配套封装各类程序库等特点，降低使用者使用难度，可实现交互运行及脱机运行等功能。

（二）主控板接口分布情况

1.信号种类

模拟信号：模拟信号是指用连续变化的物理量来表达的信息，如温度、湿度、光照强度、声音强度等，模拟信号数值范围为0~1023。

数字信号：数字信号是指在取值上是离散的、不连续的信号，数字信号取值为0和1。

PWM信号：脉宽调制信号，数值范围为0~255，可以实现控制灯的亮度、电机的转速等功能，PWM信号仍然是数字形式的。

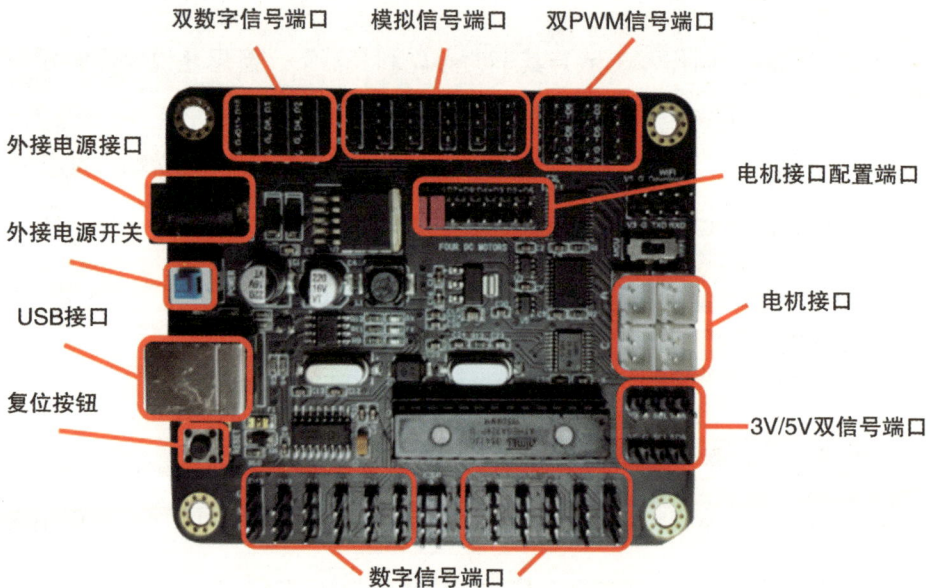

2.主控板常见标注及其含义

G：代表负极接口。

V：代表正极接口。

S：代表信号接口。

3.各接口功能介绍

外接电源接口：通过外接电源（如电池等）为主控板进行供电。

外接电源开关：控制外接电源的接通与断开。

USB接口：通过数据线连接电脑，可以下载程序到主控板，也可以为主控板供电。

复位按钮：重启主控板。

数字信号端口：数字信号输入/输出接口。

3V/5V双信号端口：提供3V输出电压和5V输出电压。

电机接口：共有A、B、C、D四个电机接口，用于连接电机。

电机接口配置端口：配合电机接口使用，控制电机运行。

双PWM信号端口：主控板上带着波浪线的~3、~5、~6、~9、~10、~11接口提供PWM（脉宽调制）信号。

模拟信号端口：模拟信号输入接口。

双数字信号端口：双数字信号输入/输出接口，可以连接WiFi等模块。

（三）WiFi模块

WiFi模块又名串口WiFi模块，属于物联网传输层，其简介如下图所示：

WiFi模块内置三个指示发光LED灯

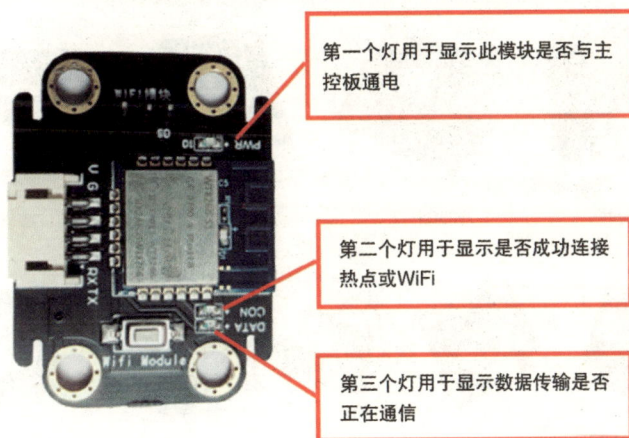

第一个灯用于显示此模块是否与主控板通电

第二个灯用于显示是否成功连接热点或WiFi

第三个灯用于显示数据传输是否正在通信

（四）输入模块

输入模块可以采集外界信号。信号来源有两种，一种是自行检测信号，另一种是人为操作输入信号。"无极"物联网创新套件中的输入模块具体如下图所示：

声音传感器　　　　光敏传感器　　　　火焰传感器　　　　温湿度传感器

土壤湿度传感器　　脉搏传感器　　　　超声波传感器　　　红外接收器

射频读卡器　　陀螺仪　　　触碰开关　　　电位器　　　摇杆

（五）输出模块

输出模块可以向外界输出信号，"无极"物联网创新套件中的输出模块具体如下图所示：

LED灯　　　　　RGB彩灯　　　　点阵屏　　　　四位数码管

扬声器　　　音频录放　　　电机　　　舵机　　　继电器

（六）辅助模块

"无极"物联网创新套件中的辅助模块具体如下图所示：

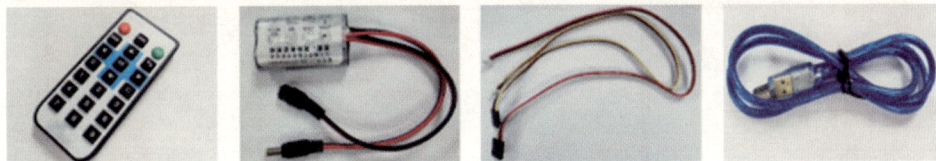

| 红外遥控器 | 锂电池 | 3P、4P连接线 | USB数据线 |

我们在使用套件内的电子元件时需要进行电路搭建，此时需要注意以下事项：

1.避免短路。

2.避免戳伤。

3.避免接触金属物品。

4.不得拆卸。

5.避免受到机械性冲击。

6.避免浸入任何液体，本设备不具备防水性能。

7.不得接近热源、火源以及温度高于60℃的环境。

8.请勿连接不兼容的产品。

米思齐软件

Mixly是一款面向Arduino开发的图形化编程工具，中文名为"米思齐"。它能够支持图形化界面和代码界面对比显示，并支持界面整体放大功能，方便平板电脑操作，支持串口选择和波特率设置功能，并具备界面简洁美观的特点。

米思齐软件图标

米思齐软件界面如下图所示：

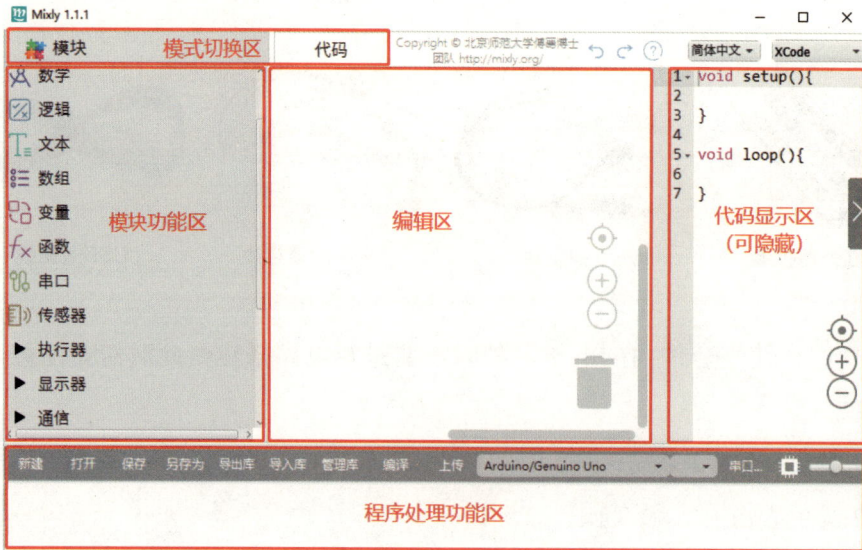

下面让我们具体了解一下米思齐软件界面上的各功能区吧。

模式切换区：切换图形化编程界面和代码编程界面。

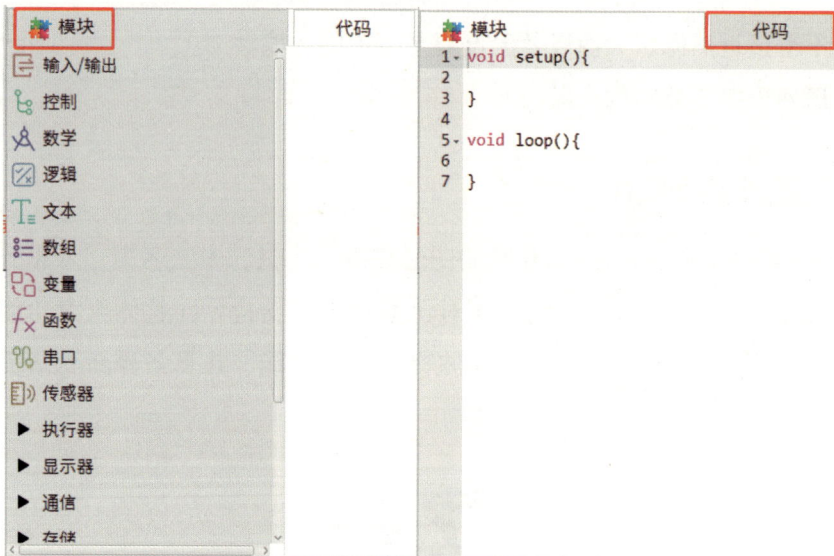

模块功能区：进行图形化编程时所需的程序指令在这里都可以找到。

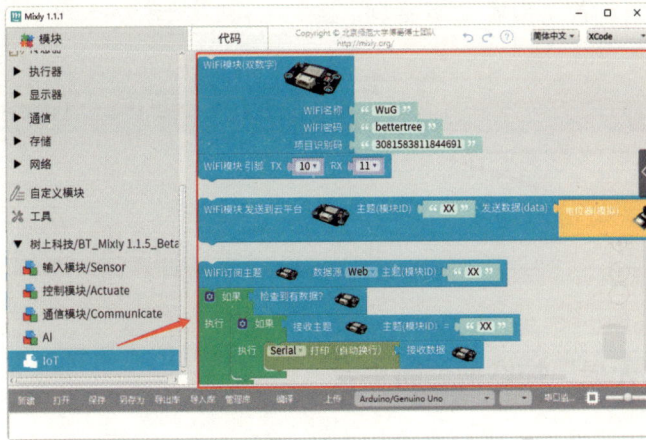

编辑区：编写程序的地方。

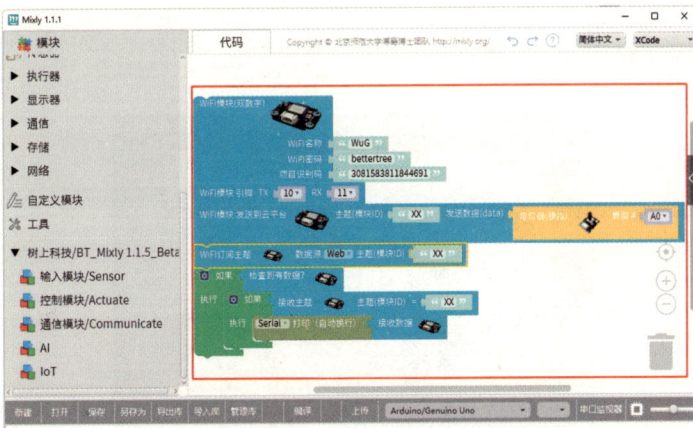

代码显示区：可以显示图形化程序指令对应的代码。

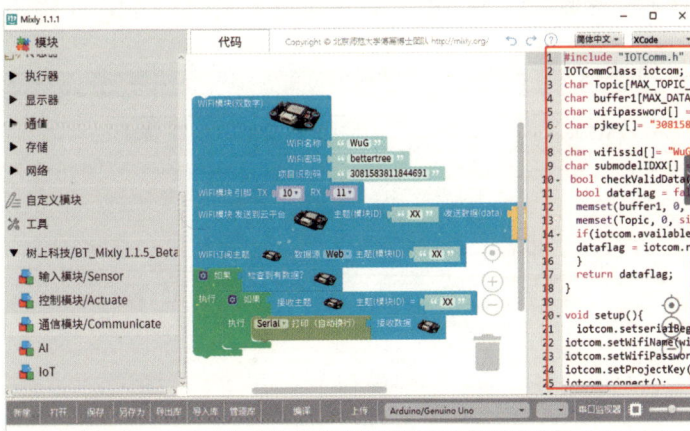

程序处理功能区：文件的新建、打开和保存，串口连接情况，程序的编译与上传情况等内容都可以在这里看到。

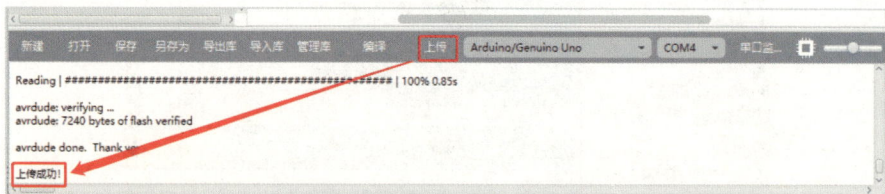

三 "无极"物联网创新平台

"无极"物联网创新平台也可称为"云平台"，它基于强大的硬件资源和软件资源，可以为大家提供计算、网络和存储等服务。接下来就让我们一起来认识一下云平台吧！

云平台登录界面如下图所示：

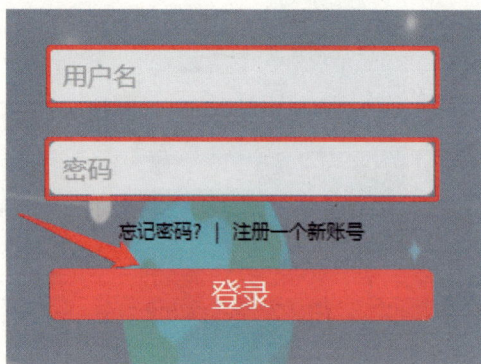

输入用户名和密码后，点击登录即可进入云平台，界面如下图所示：

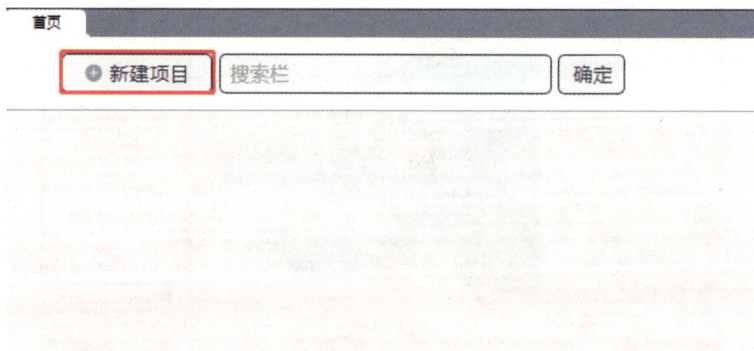

点击"新建项目"按钮，出现对话框如下图所示：

项目名称和识别码属于必填项，项目名称根据实际情况进行填写，不超过16个汉字或32个字符，点击"生成识别码"按钮即可生成一个识别码，每个项目的识别码唯一且生成后不可修改。

必填项都填写完成后，点击"确定"按钮，即可生成一个云平台项目。

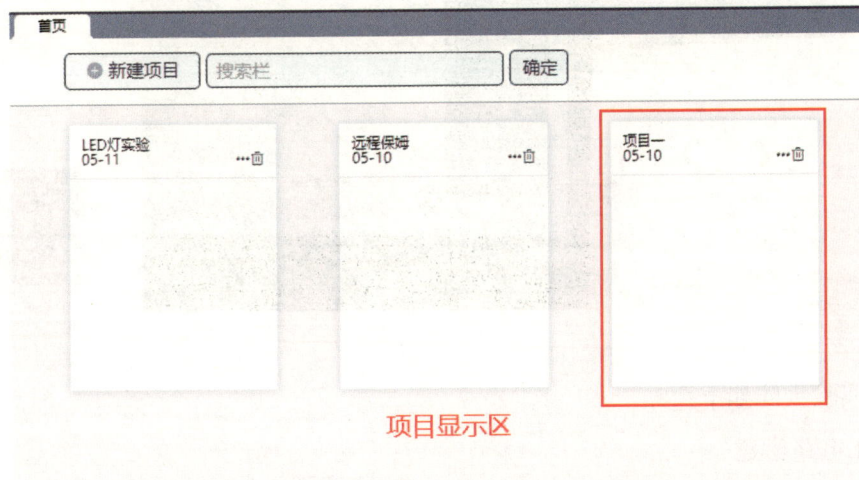

项目显示区

点击项目名称，即可进入项目内部，界面如下图所示：

云平台项目创建完成后，我们就可以在项目内部创建不同的模块了，这部分的内容后续我们也会一一讲到。

四　动手小实验

在学习了"无极"物联网创新套件、米思齐软件和云平台的内容之后，我们一起来完成一个动手小实验，体验物联网的乐趣吧！

实验目的：利用云平台远程控制LED灯的亮度变化。

首先让我们通过一段视频来看一下最终的实验效果吧！

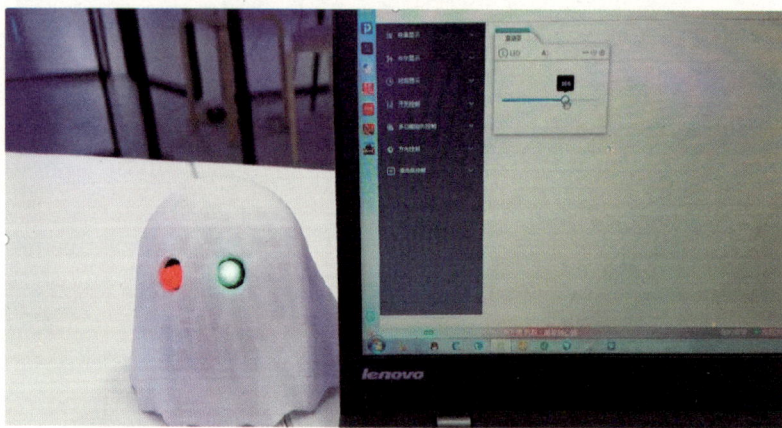

小实验演示

实验步骤如下：

1.电路搭建

所需材料：主控板1个、WiFi模块1个、LED灯1个、3P连接线1根、4P连接线1根、数据线1根、锂电池1块。

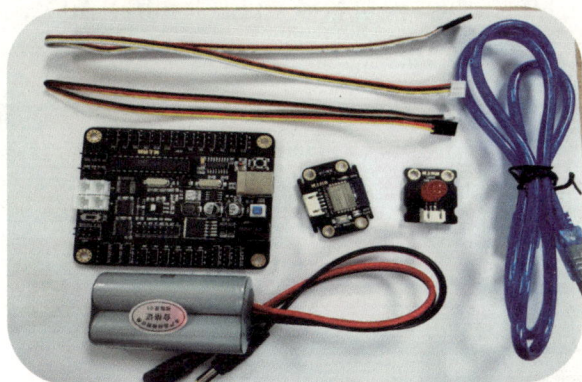

连接方式：LED灯连接到主控板上带有～D3的数字信号端口，WiFi模块连接到主控板上带有～D11、～D10的双PWM信号端口，注意接线时不要接反。

2.云平台模块创建

首先新建一个项目，取名为"LED灯实验"。

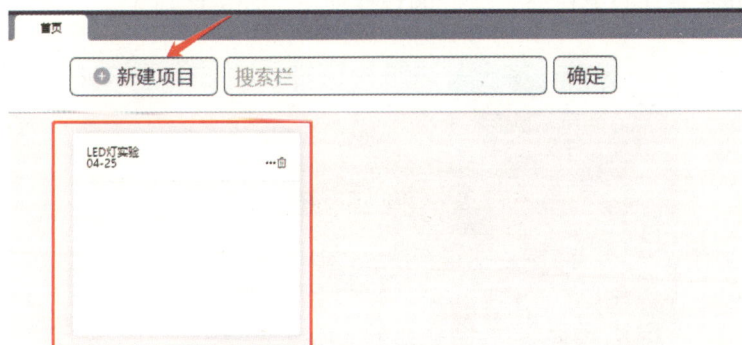

然后在"LED灯实验"项目里新建一个LED模块，具体过程如下：在"滚

动条控制"按钮下拉菜单中点击"LED灯",在出现的对话框中输入最大值（255）和最小值（0），填写模块名称（LED）和ID（A0），点击"确定"按钮即可创建成功。

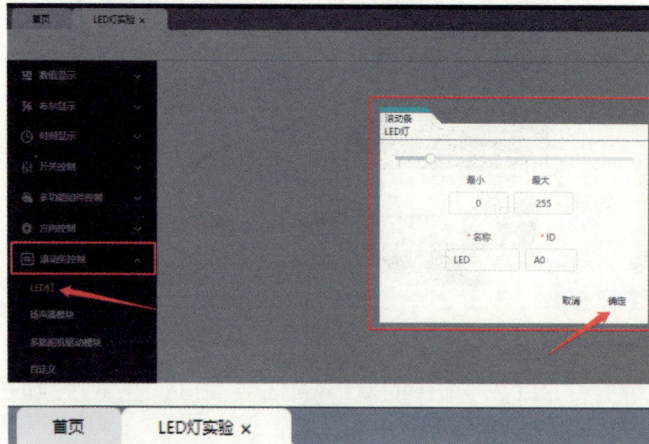

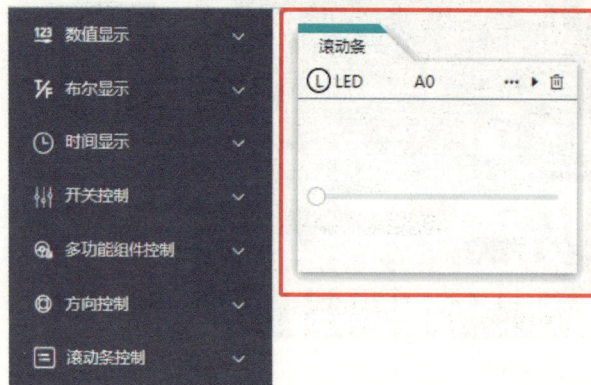

3.编写程序

这里我们直接打开已经准备好的程序即可，如下图所示：

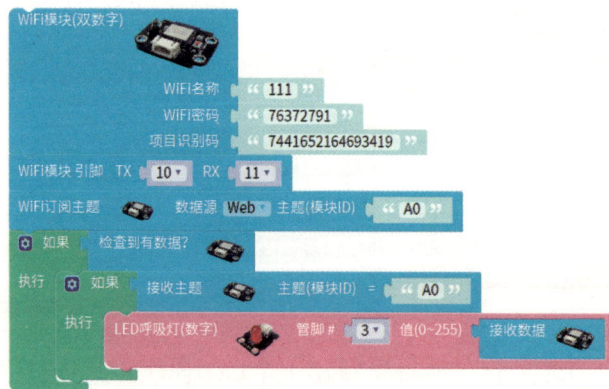

程序编写完成后，点击"上传"按钮，当显示"上传成功"后即说明程序已经成功上传到主控板了。

4.云平台控制

程序上传完成后，打开云平台，点击"运行"按钮，通过拖动滚动条即可实现控制LED灯亮度的功能。

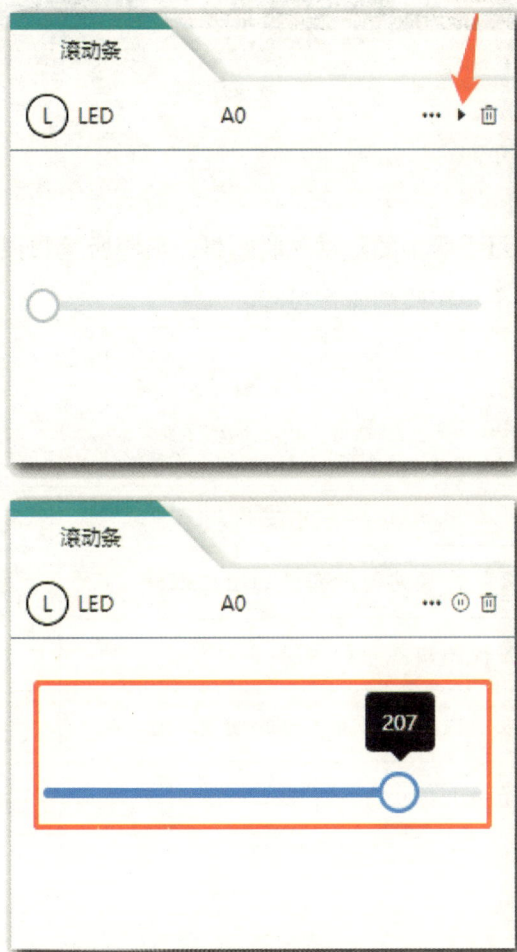

教具收纳

在完成动手小实验后，我们需要将"无极"物联网创新套件中的电子元件按照标准进行收纳，具体如下图所示：

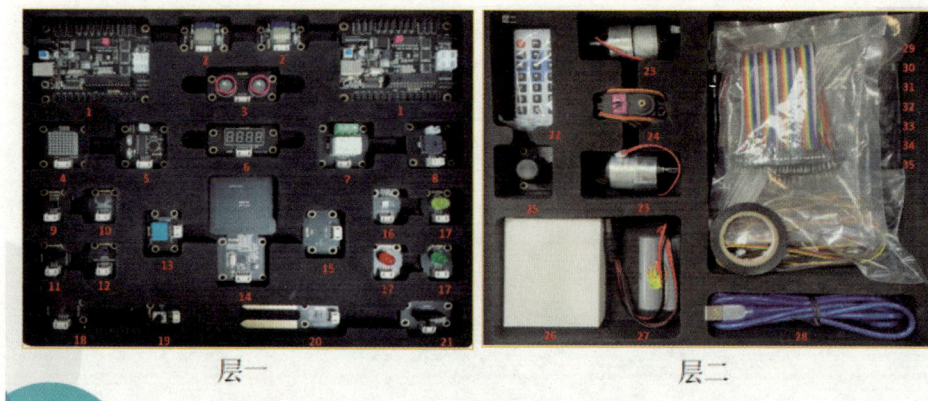

层一　　　　　　　　　　　层二

巩固提升

1.完成学习手册中的随堂测验题目，巩固所学知识。

2.巩固动手小实验的操作过程。

·总结评价·

序　号	学习内容	掌握程度
1	"无极"物联网创新套件的组成部分	☆☆☆☆☆
2	米思齐软件的界面和功能	☆☆☆☆☆
3	"无极"物联网创新平台的使用方法	☆☆☆☆☆
4	完成动手小实验	☆☆☆☆☆
心得体会：		

第四课　远程保姆——在线花匠（1）

学习目标

1. 掌握土壤湿度传感器电路的搭建方法。

2. 掌握土壤湿度传感器云平台模块的创建方法。

3. 掌握土壤湿度传感器程序的编写与上传方法。

4. 掌握观察任务效果的方法。

课程导入

不知道大家在生活中有没有遇见过这种情况：出门在外时总是担心家里的灯是不是还亮着，门是不是没有锁好，窗户是不是没有关，可是又没有办法确

智能家居

认，这时就会感到非常困扰，甚至会影响自己的学习和工作。

为了解决这类问题，近年来"智能家居"得到了快速的发展，它可以让我们即使不在家也能实时掌握家里的各种情况，控制各种电器的运行，这样我们出门在外就再也不用担心家里的情况了！

接下来就让我们通过一段视频来了解一下"智能家居"吧！

智能家居介绍

📖 新知讲解

一　任务介绍

对于养花的朋友来说，有一个问题可能会对大家造成困扰，那就是究竟应该在什么时候给花浇水呢？经常忘记浇水或者浇得过于频繁，都会对花的生长造成不良影响。

那么我们能不能利用物联网技术制作出一个创意作品，来解决这个问题呢？这节课就让我们一起来探究一下吧！

二　任务目标

在云平台上显示土壤湿度传感器检测到的实时数值。

三　任务步骤

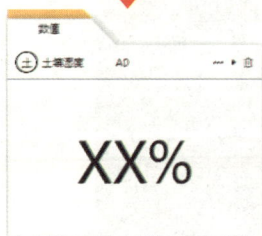

　　具体步骤可以分为四步，分别是电路搭建、云平台模块创建、程序编写与上传、观察效果，接下来我们就按照步骤一起来学习一下吧！

　　（一）电路搭建

　　材料准备：主控板1个、WiFi模块1个、数据线1根、3P连接线1根、4P连接线1根、土壤湿度传感器1个。

　　土壤湿度传感器的功能是检测土壤容积含水率，其外观如下图所示：

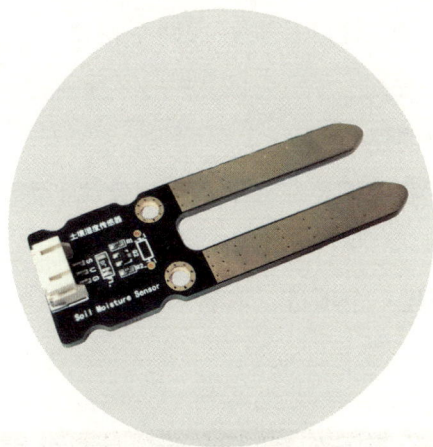

　　土壤湿度传感器被广泛应用在土壤墒情监测、农业灌溉、林业防护等方面。

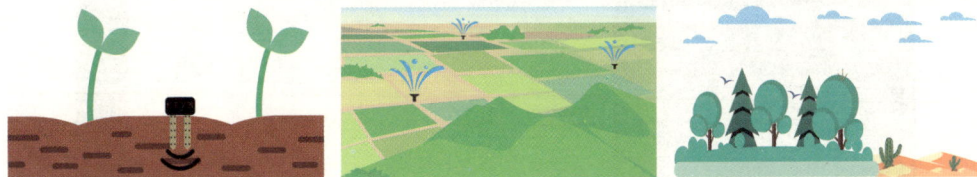

　　注意：土壤湿度传感器检测的数值仅能代表局部湿度，不要将传感器整体

埋入土中。

电路搭建示意图如下：

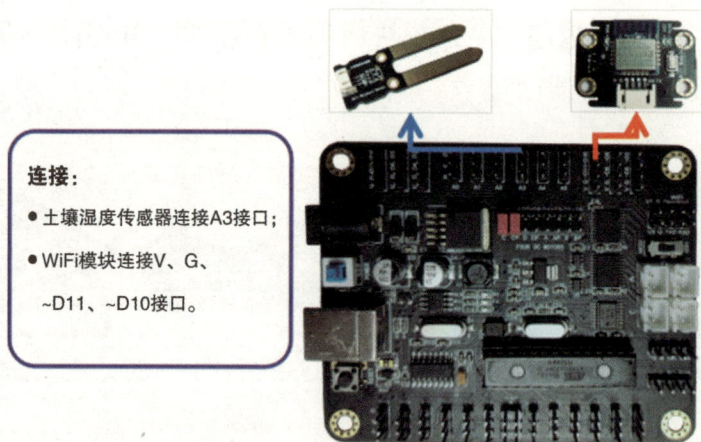

连接：

● 土壤湿度传感器连接A3接口；

● WiFi模块连接V、G、
　~D11、~D10接口。

注意：连接线插入主控板时，可以根据颜色对应连接接口，其中红色线对应V接口，黑色线对应G接口，连好这两个接口后，其余的接口即可对应连接。

（二）云平台模块创建

电路搭建完成后，我们需要在云平台上创建"土壤湿度传感器"模块，具体操作如下。

1.登录云平台，新建一个项目，取名"远程保姆"，生成识别码后，点击"确定"按钮。

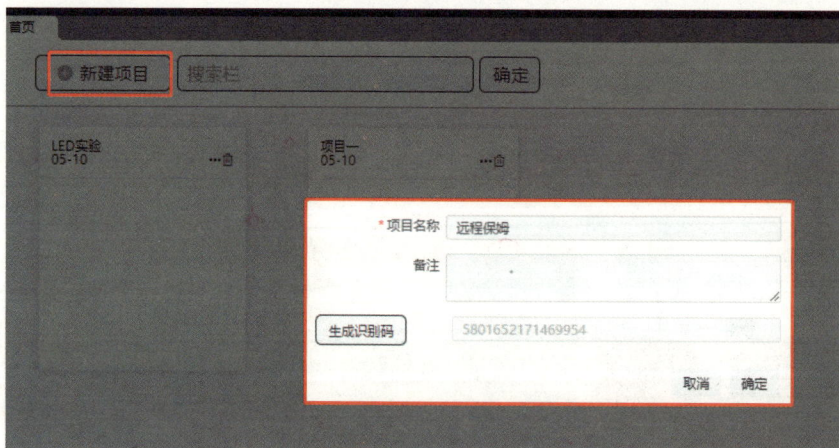

2.点击进入"远程保姆"项目，在该项目内创建一个"土壤湿度传感器"模块，点击"确定"按钮。

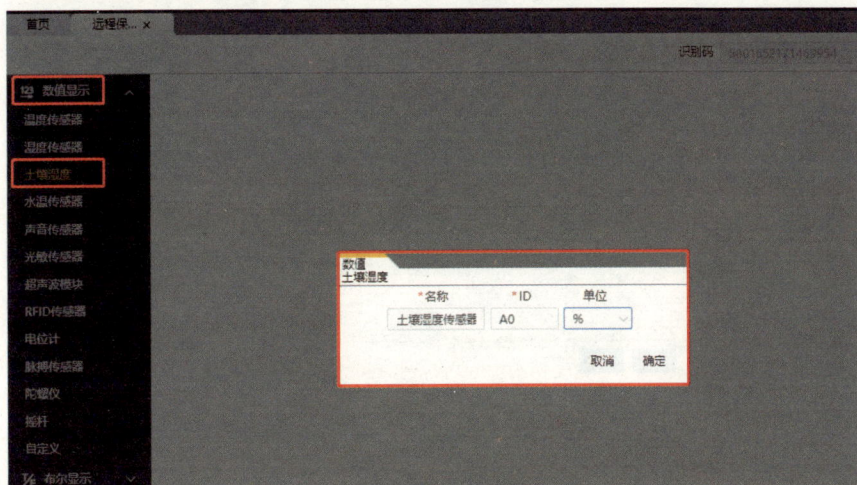

注意：名称和ID为必填项。名称可以填写用到的元件名称，ID值取值为A0～Z9之中任意一个，如A2、A3、B2、B3、Z7、Z8等，同一个项目中ID值不可重复使用。

3.创建完成后，云平台"土壤湿度传感器"模块如下图所示：

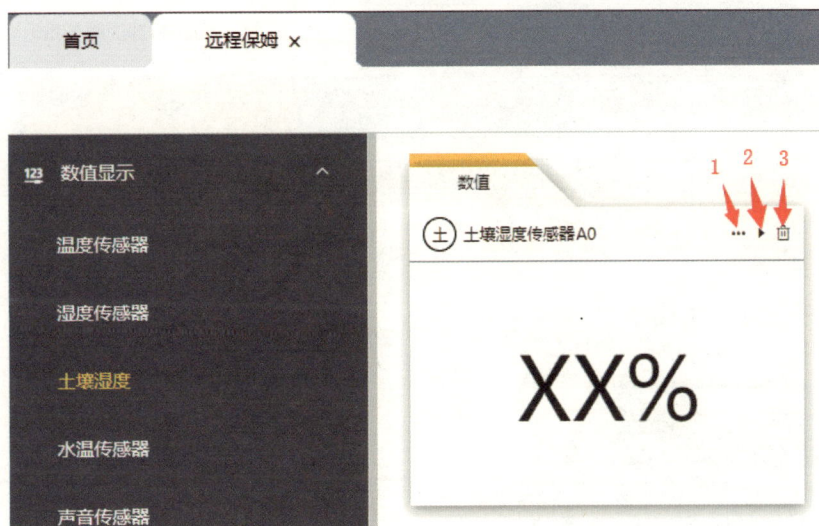

点击上图中标注为"1"的按钮可以对模块进行设置修改，点击标注为"2"的按钮可以运行模块功能，点击标注为"3"的按钮可以删除模块。

（三）程序编写与上传

在米思齐软件中，我们编写程序时用到的大部分程序指令都可以在"树上科技"模块下找到。

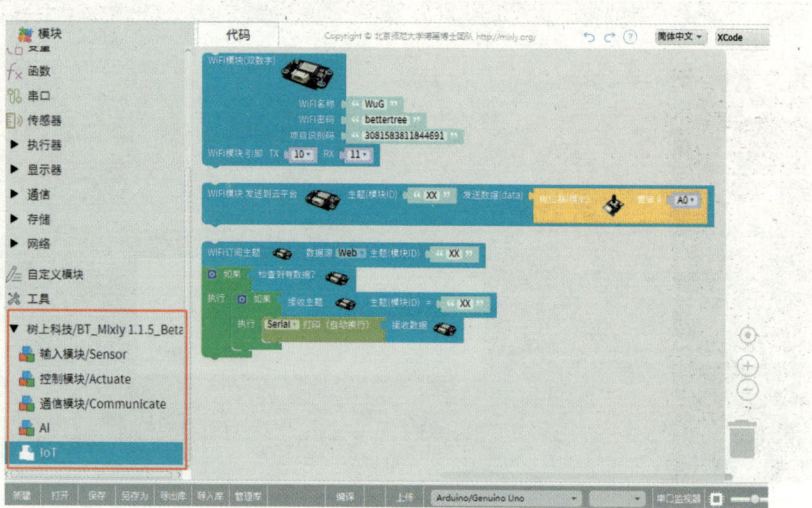

我们用到的程序指令及其功能如下图所示：

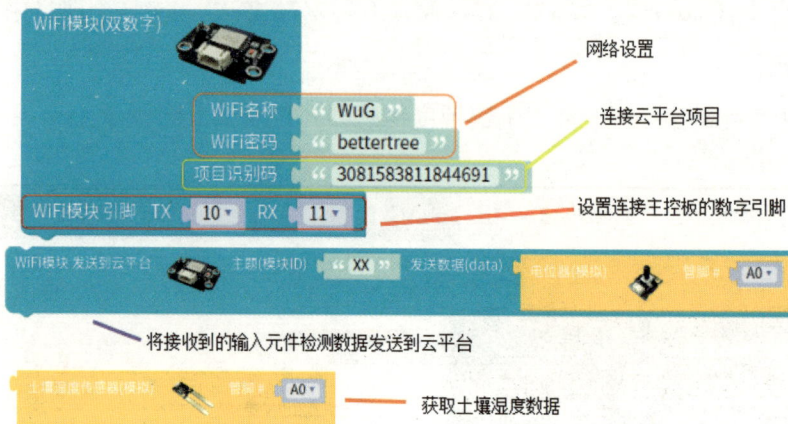

最终程序如下图所示：

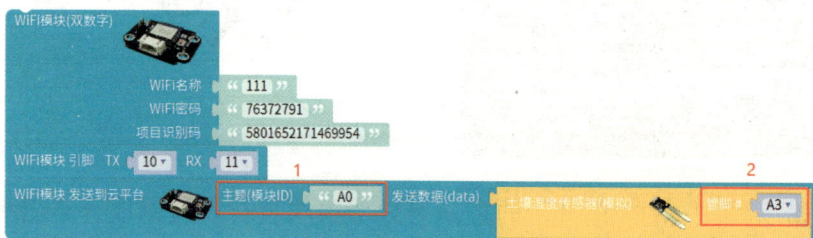

在这个程序中有两个容易混淆的概念，我们一起来看一下：

一是"模块ID"，它就是我们在云平台上创建的土壤湿度传感器的ID，我们在云平台上创建的ID是"A0"，所以这个地方填写"A0"；

二是"管脚"，它就是我们在搭建电路时土壤湿度传感器连接到主控板的接口，土壤湿度传感器连接的接口是A3，所以这个地方填写"A3"。

程序编写完成后，我们需要将程序上传到主控板，具体操作步骤如下图所示：

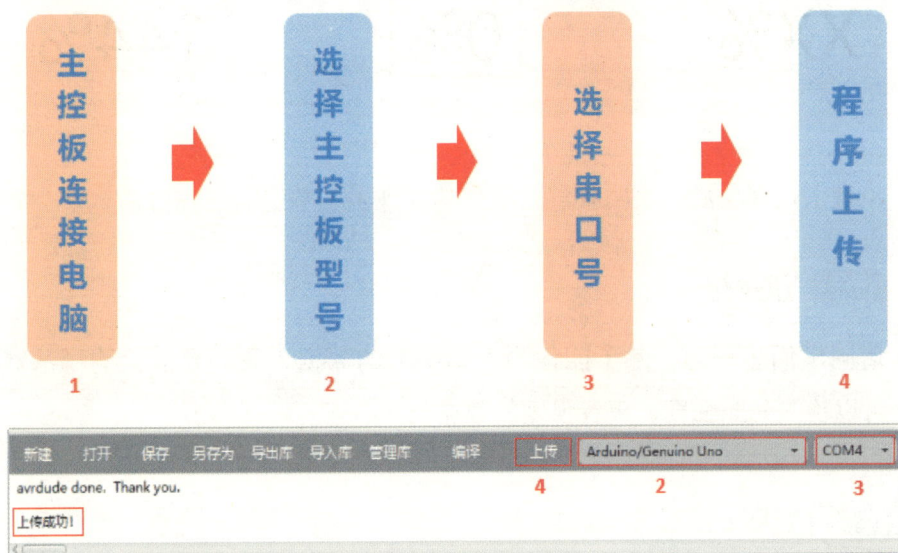

上图中标注为"1"的操作步骤是通过数据线将主控板和电脑连接起来。

上图中标注为"2"的操作步骤是选择主控板型号，这里我们选择"Arduino/Genuino UNO"即可。

上图中标注为"3"的操作步骤是选择串口号，当主控板和电脑连接起来之后，会自动出现串口号，如果没有自动出现串口号，可以尝试重新插拔数据线、重启软件或者重启电脑。

上图中标注为"4"的操作步骤是点击"上传"按钮，当出现"上传成功"后，即表明程序已经成功上传到主控板。如果出现"上传失败"的情况，请检查程序编写是否存在问题。

（四）观察效果

在完成了电路搭建、云平台模块创建、程序编写与上传等操作步骤以后，我们就可以在云平台上观察实际效果了。

在云平台项目中，点击"运行"按钮，可以看到一开始土壤湿度传感器检测的数值为"0"，然后我们可以用手握住土壤湿度传感器的检测部位，这时就可以看到土壤湿度传感器检测的数值发生了变化。

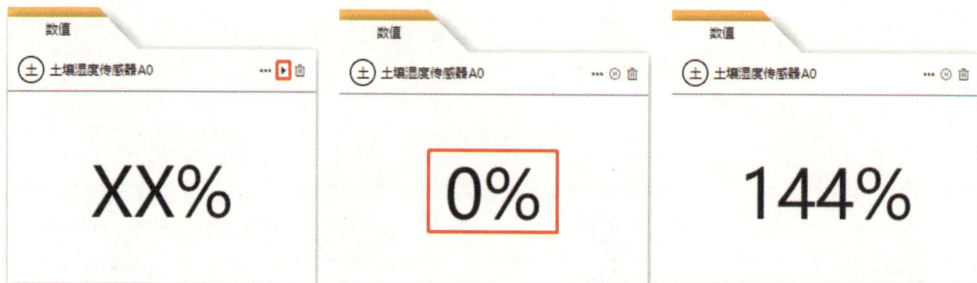

出现上述现象后，表明我们已经成功实现了本节课的任务目标。

四　想一想

请同学们想一想，除了能检测土壤湿度的数据，我们还能检测哪些数据呢？可以检测光照强度、声音强度的数据吗？

教具收纳

将电子元件按照标准进行收纳，具体如下图所示：

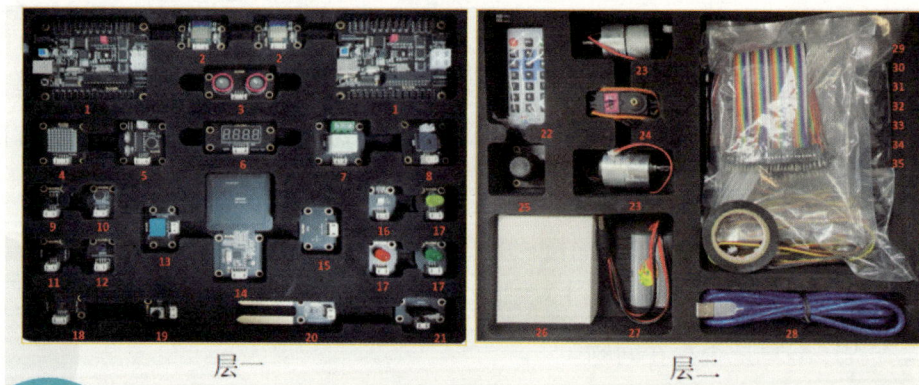

层一　　　　　　　　　　层二

巩固提升

1. 完成学习手册中的随堂测验题目，巩固所学知识。

2. 按照本节课的任务步骤，尝试实现检测光照强度数据的功能。

序　号	学习内容	掌握程度
	· 总 结 评 价 ·	
1	土壤湿度传感器电路的搭建方法	☆☆☆☆☆
2	土壤湿度传感器云平台模块的创建方法	☆☆☆☆☆
3	土壤湿度传感器程序的编写与上传方法	☆☆☆☆☆
4	完成任务，观察最终效果	☆☆☆☆☆

心得体会：

第五课　远程保姆——在线花匠（2）

学习目标

1. 掌握电机和跳线帽的使用方法。
2. 掌握电机云平台模块的创建方法。
3. 掌握电机程序的编写与上传方法。
4. 掌握观察任务效果的方法。

课程导入

在学习了上节课的内容之后，我们现在已经可以实现实时监测土壤湿度的功能了，但是对于在家里养花的朋友们来说，如果有时需要出远门，肯定会担心不能及时给花浇水，那我们能不能利用物联网技术制作出一个创意作品，解决这个问题呢？这节课就让我们一起来探究一下吧！

新知讲解

一　任务介绍

（一）任务目标

在云平台上拖动滚动条，控制电机转动。

（二）效果展示

让我们通过一段视频来看一下通过云平台控制电机转速，从而实现筒车转动的效果吧！

筒车效果展示

想要实现这一效果，具体的操作步骤仍然分为四步，分别是：电路搭建、云平台模块创建、程序编写与上传、观察效果，接下来我们就按照步骤一起来学习一下吧！

二 操作步骤

（一）电路搭建

材料准备：主控板1个、WiFi模块1个、数据线1根、4P连接线1根、电机1个、跳线帽2个。

电机是将电能转换为机械能的转动装置，转动方向分为正转和反转，被广泛应用在风扇、玩具车等产品中，其外观如下图所示：

跳线帽是一个可以活动的部件，外层是绝缘塑料，内层是导电材料。通俗地讲，跳线帽就是一个包裹着绝缘层的导线。跳线帽的作用就是将某两个针脚通过内部的导线进行短接，其外观如右图所示：

电机有A、B、C、D四个接口，当我们将电机接在A接口时，同时就需要把跳线帽接到A–D4、AP–~D3接口。当我们将电机接在C接口时，同时就需要把跳线帽接到C–D8、CP–~D6接口，这样才能保证电机正常工作。

电路搭建示意图如下所示：

连接：
● 电机连接电机接口C；
● 两个跳线帽分别连接C–D8，CP– ~D6；
● WiFi模块连接V、G、~D11、~D10 接口。

注意：请仔细检查一下，不要出现线路接反的情况。

（二）云平台模块创建

电路搭建完成后，我们需要在云平台上创建"电机"模块，具体操作如下：

1. 登录云平台，打开"远程保姆"项目。

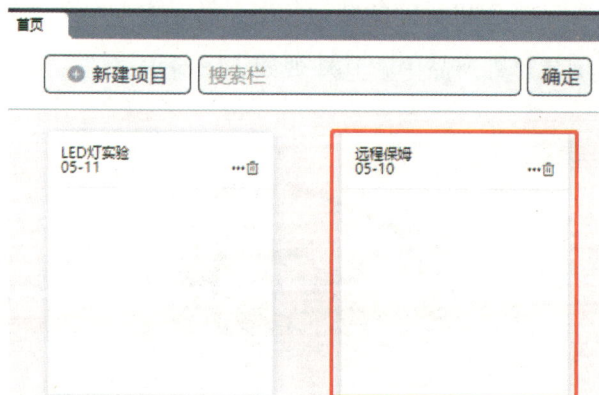

2. 在"远程保姆"项目内创建一个"电机"模块，点击"确定"按钮。

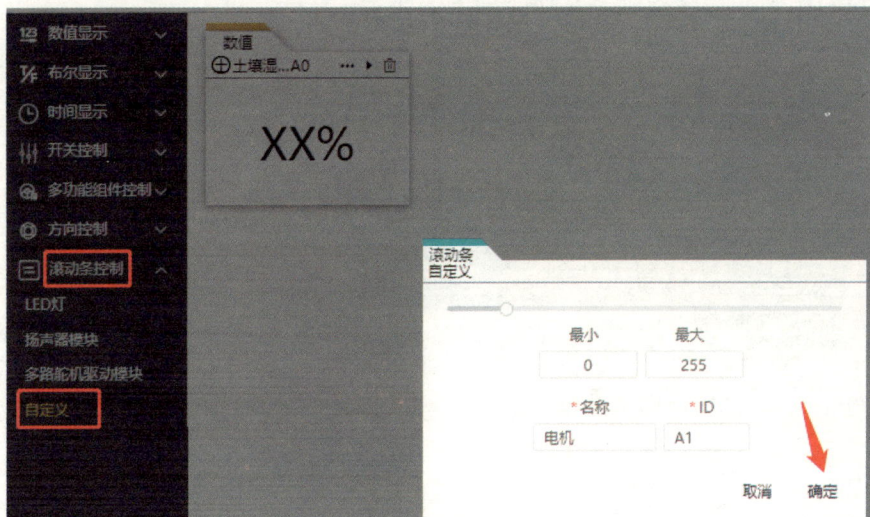

在"滚动条控制"按钮下拉菜单中点击"自定义"按钮，在弹出的对话框中输入信息，电机转速最小值为"0"，最大值为"255"，名称和ID为必填项，名称填写"电机"即可，注意电机ID不要和土壤湿度传感器的ID重复。

3. 创建完成后云平台"电机"模块如下图所示：

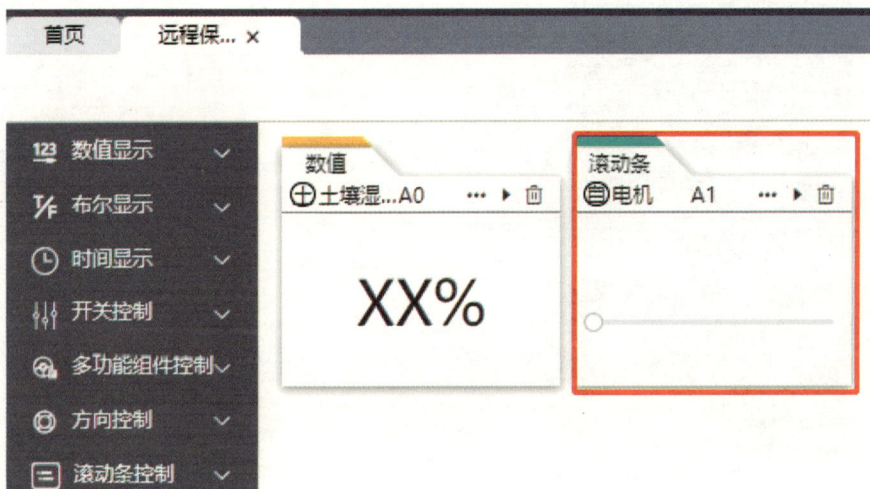

（三）程序编写与上传

我们用到的程序指令及其功能如下图所示：

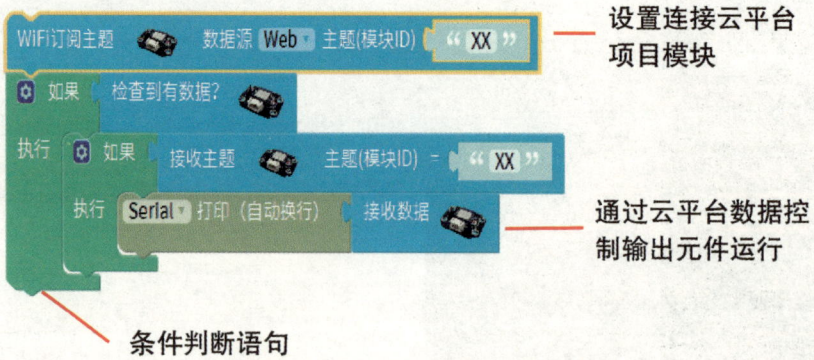

设置连接云平台
项目模块

通过云平台数据控
制输出元件运行

条件判断语句

电机程序指令如下图所示：

最终程序如下图所示：

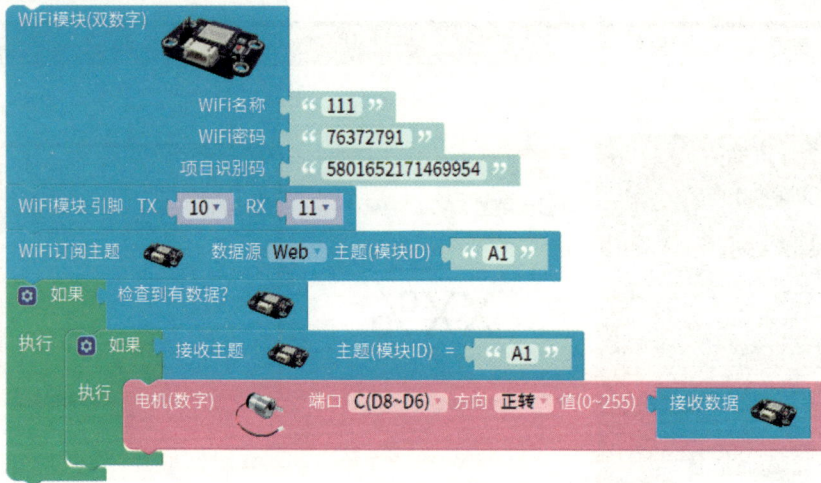

程序编写完成后，将程序上传到主控板即可。

（四）观察效果

在完成了电路搭建、云平台模块创建、程序编写与上传后，我们就可以在云平台上观察实际效果了。

在云平台项目中，点击"运行"按钮，可以看到一开始电机的转速为"0"，此时电机不转，然后我们可以通过拖动滚动条来改变电机的转速，电机就会以对应的速度转动起来。

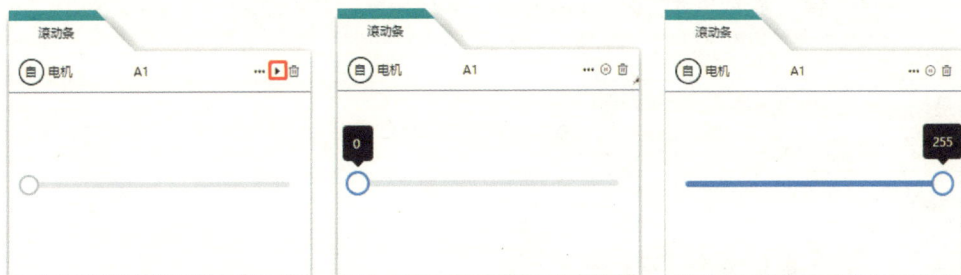

出现上述现象后，表明我们已经成功实现了本节课的任务目标。

注意：如果想要让电机停止转动，则要将电机转速拖动到"0"，不要直接关闭云平台电机模块，否则电机会以关闭前的最终转速一直转动。

三 做一做

请同学们以小组为单位合作，完成筒车模型的组装，然后进行测试，实现视频中的效果。

教具收纳

将电子元件按照标准进行收纳，具体如下图所示：

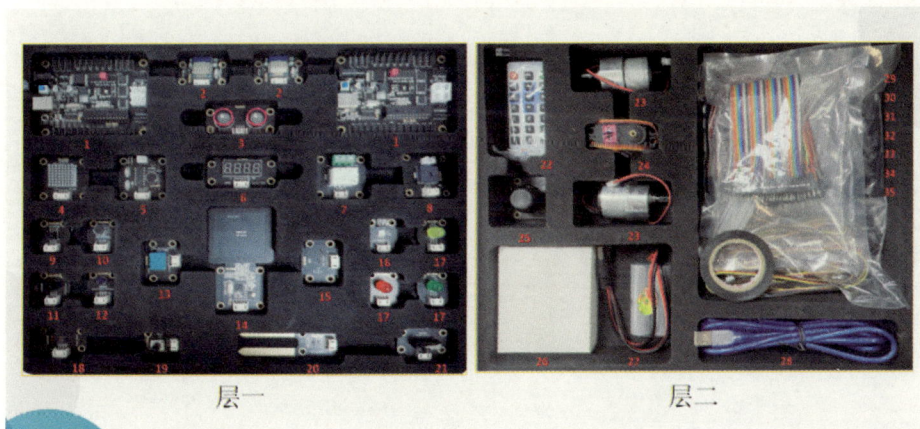

层一　　　　　　　　　层二

巩 固 提 升

1. 完成学习手册中的随堂测验题目，巩固所学知识。

2. 将课程"在线花匠（1）"和"在线花匠（2）"的内容进行整合，完成完整的"在线花匠"项目。

· 总 结 评 价 ·

序　号	学习内容	掌握程度
1	电机和跳线帽的使用方法	☆☆☆☆☆
2	电机云平台模块的创建方法	☆☆☆☆☆
3	电机程序的编写与上传方法	☆☆☆☆☆
4	完成任务，观察最终效果	☆☆☆☆☆
心得体会：		

第六课　远程保姆——远程喂食器

学习目标

1. 掌握触碰开关和舵机的使用方法。

2. 掌握触碰开关和舵机云平台模块的创建方法。

3. 掌握触碰开关和舵机程序的编写与上传方法。

4. 掌握观察任务效果的方法。

课程导入

对于养宠物的人来说，上班的时候肯定会担心爱宠在家没有食物吃，没有水喝。不过现在利用物联网技术可以轻松解决这个问题，实现远程智能喂食功能，让我们一起来看一段视频（详见课件）了解一下吧！

观看完视频之后，想一想我们能不能利用物联网技术制作出一款智能喂食器，实现远程喂食功能呢？这节课就让我们一起来探究一下吧！

智能喂食器

📖 新知讲解

一　任务介绍

（一）任务目标

在云平台上显示触碰开关的状态，通过拖动滚动条控制舵机的转动角度。

（二）效果展示

远程喂食器效果展示

二　操作步骤

具体步骤分为四步，分别是电路搭建、云平台模块创建、程序编写与上传、观察效果，接下来我们就按照步骤一起来学习一下吧！

（一）电路搭建

材料准备：主控板1个、WiFi模块1个、数据线1根、3P连接线1根、4P连接线1根、舵机1个、触碰开关1个。

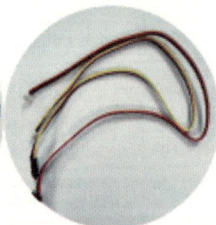

舵机是一种位置（角度）伺服的驱动器，适用于那些需要角度不断变化并可

以保持的控制系统。被广泛应用在机器人、航模等产品中，其外观如下图所示：

舵机的连接线分别是红色线对应"V"接口，褐色线对应"G"接口，黄色线对应"S"接口。

触碰开关是一种手动控制开关，按下时开关闭合，松开时开关断开。其外观如下图所示：

电路搭建示意图如下所示：

连接：

● 触碰开关连接D2接口；

● 舵机连接D4接口；

● WiFi模块连接V、G、
　 ~D11、~D10接口。

注意：请仔细检查一下，不要出现线路接反的情况。

（二）云平台模块创建

电路搭建完成后，我们需要在云平台上创建"舵机"模块和"触碰开关"模块，具体操作如下。

1. 登录云平台，打开"远程保姆"项目。

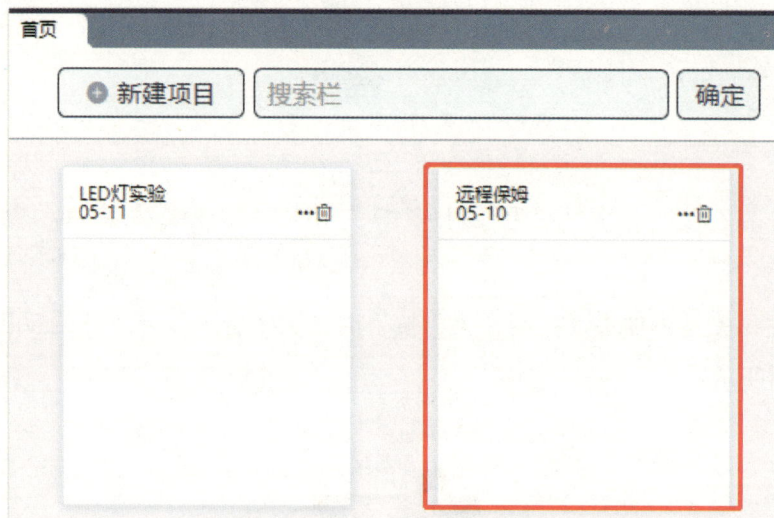

2. 在"远程保姆"项目内创建一个"舵机"模块，点击"确定"按钮。

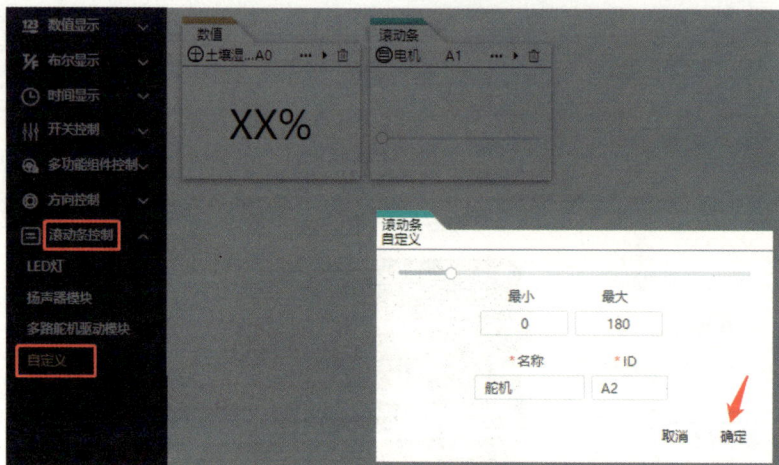

在"滚动条控制"按钮下拉菜单中点击"自定义"按钮，在弹出的对话框中输入信息，舵机最小角度值为"0"，最大角度值为"180"，名称和ID为必填项，名称填写"舵机"即可，注意舵机ID不要和前面已有的ID重复。

3.在项目内创建一个"触碰开关"模块，点击"确定"按钮。

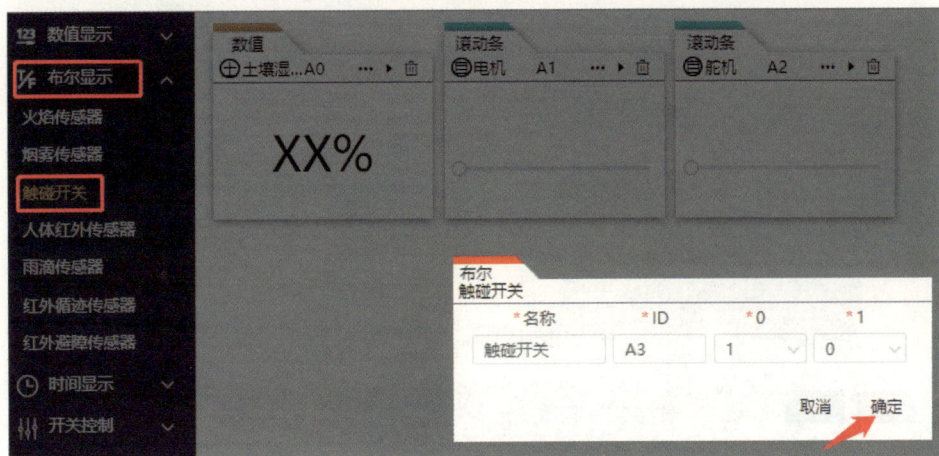

在"布尔显示"按钮下拉菜单中点击"触碰开关"按钮，在弹出的对话框中输入信息，名称和ID为必填项，名称填写"触碰开关"即可，"0"对应的是触碰开关断开的状态，"1"对应的是触碰开关闭合的状态，注意触碰开关ID不要和前面已有的ID重复。

4.创建完成后云平台"舵机"模块和"触碰开关"模块如下图所示：

（三）程序编写与上传

触碰开关程序指令如下图所示：

舵机程序指令如下图所示：

最终程序如下图所示：

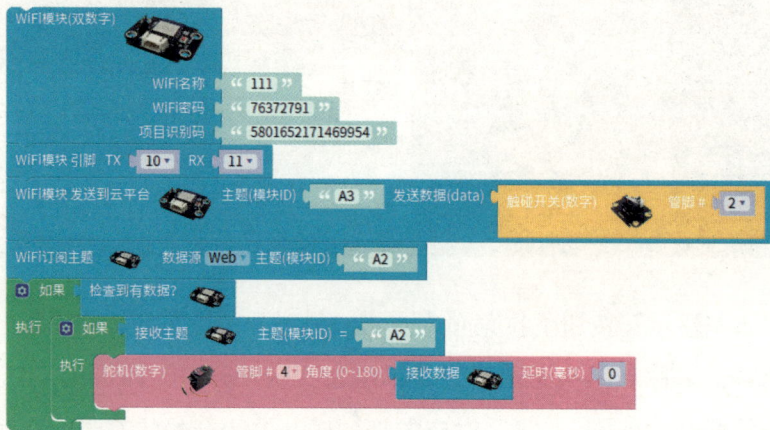

程序编写完成后，将程序上传到主控板即可。

（四）观察效果

在完成了电路搭建、云平台模块创建、程序编写与上传等步骤后，我们就可以在云平台上观察实际效果了。

在云平台项目中，点击舵机模块的运行按钮，可以看到一开始舵机的角度为"0"，然后我们可以通过拖动滚动条来改变舵机的角度，舵机就会转动到相应的角度。

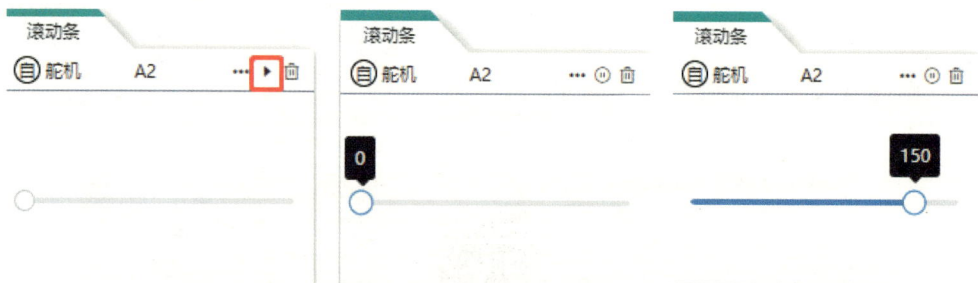

在云平台项目中，可以看到一开始触碰开关是断开的状态，当我们按下"触碰开关"按钮，这时触碰开关就是闭合的状态了。

出现上述现象后，表明我们已经成功实现了本节课的任务目标。

三 做一做

接下来请同学们分小组合作，完成远程喂食器模型的组装，然后进行测试，实现视频中的效果。

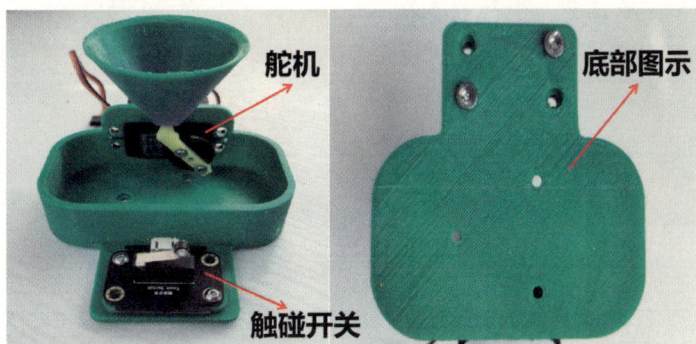

教具收纳

将电子元件按照标准进行收纳，具体如下图所示：

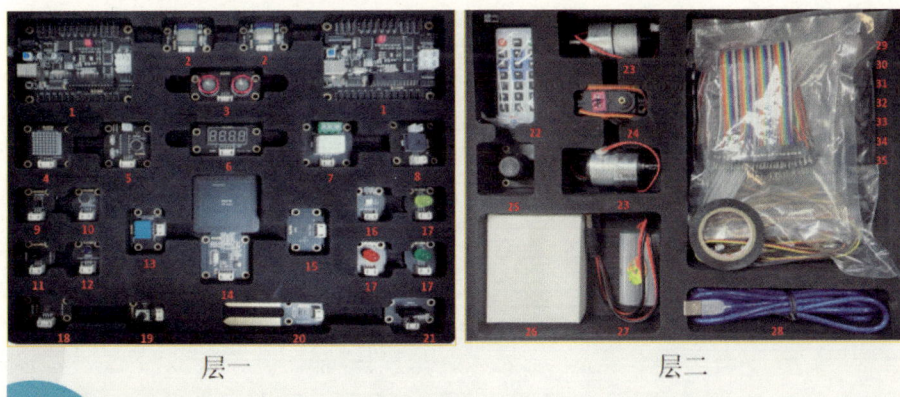

层一　　　　　　　　　层二

巩固提升

完成学习手册中的随堂测验题目，巩固所学知识。

· 总 结 评 价 ·		
序　号	学习内容	掌握程度
1	触碰开关和舵机的使用方法	☆☆☆☆☆
2	触碰开关和舵机云平台模块的创建方法	☆☆☆☆☆
3	触碰开关和舵机程序的编写与上传方法	☆☆☆☆☆
4	完成任务，观察最终效果	☆☆☆☆☆
心得体会：		

第七课 远程保姆上线

学 习 目 标

1. 巩固学过的知识。

2. 完成设计任务并实现功能。

任务要求

将"在线花匠"课程和"远程喂食器"课程中的两个作品进行组合，完成完整的"远程保姆"项目！

在线花匠 **+** 远程喂食器 **=** 远程保姆

任务目标

在云平台上显示土壤湿度传感器的数值和触碰开关的状态，利用云平台控制电机的转速和舵机的角度值。

任务步骤

一　电路搭建

材料准备：主控板1个、WiFi模块1个、数据线1根、3P连接线1根、4P连接线1根、舵机1个、电机1个、土壤湿度传感器1个、触碰开关1个。

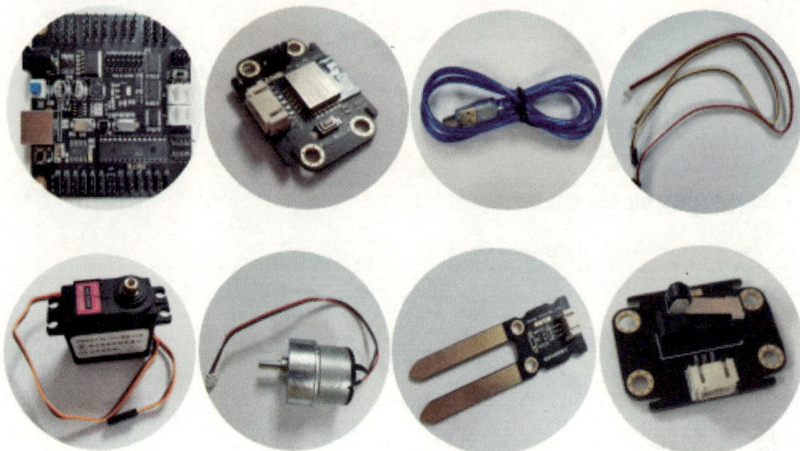

电路搭建示意图如下所示：

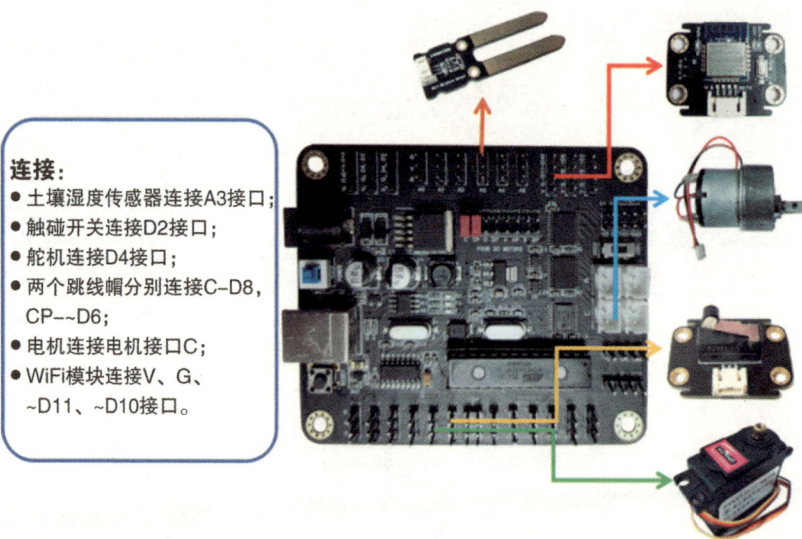

连接：
- 土壤湿度传感器连接A3接口；
- 触碰开关连接D2接口；
- 舵机连接D4接口；
- 两个跳线帽分别连接C-D8，CP-~D6；
- 电机连接电机接口C；
- WiFi模块连接V、G、~D11、~D10接口。

注意：请仔细检查一下，不要出现线路接反接错的情况。

二　模型组装

电路搭建完成后，我们可以将筒车和喂食器模型组装好，并安装在底板上。

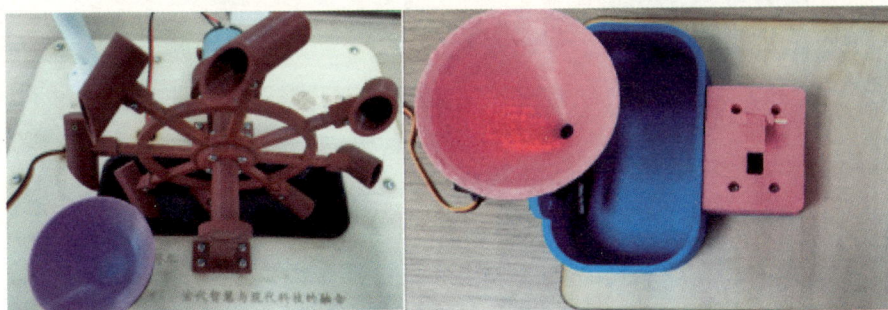

三　云平台模块创建

电路搭建完成后，我们需要在云平台上创建"土壤湿度传感器"模块、"触碰开关"模块、"电机"模块和"舵机"模块，其实我们在前面的课程中已经创建完成了所有的云平台模块，具体操作过程在此不再赘述，创建完成后云平台模块如下图所示：

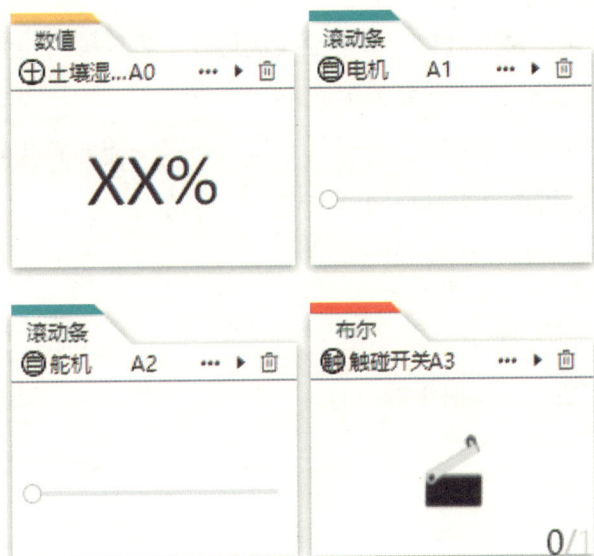

四　程序编写与上传

最终程序如下图所示：

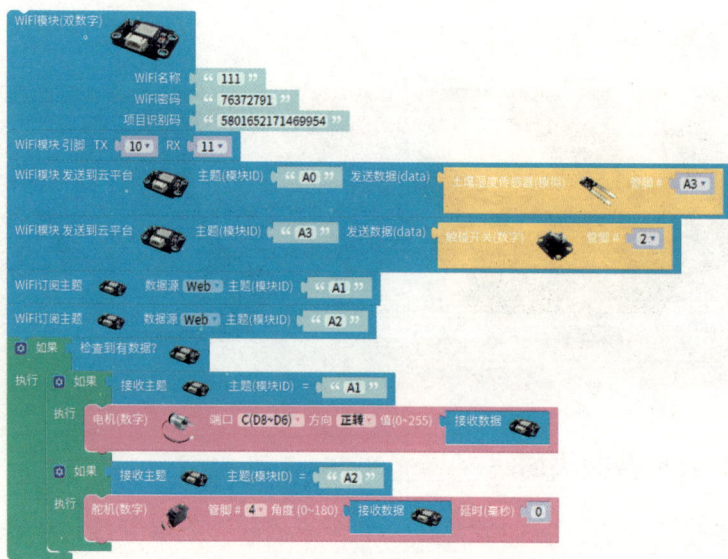

程序编写完成后，将程序上传到主控板即可。

五　观察效果

完成电路搭建、模型组装、云平台模块创建、程序编写与上传后，我们就可以观察"远程保姆"的实际效果了。

如果未能实现预想的效果，先进行小组内讨论交流，查找问题并解决。如果小组内未解决，可以寻求其他同学或老师的帮助。

巩 固 提 升

填写完成学习手册中的内容。

序　号	学习内容	掌握程度
	·总结评价·	
1	巩固学过的知识	☆☆☆☆☆
2	完成设计任务并实现功能	☆☆☆☆☆
心得体会：		

第八课　创意升级

学习目标

1. 总结项目中的知识点。

2. 完成项目升级。

3. 准备分享内容。

项目总结

到目前为止，我们在"远程保姆"项目中完成的任务包括：

1. "在线花匠"之土壤湿度检测。

2."在线花匠"之筒车。

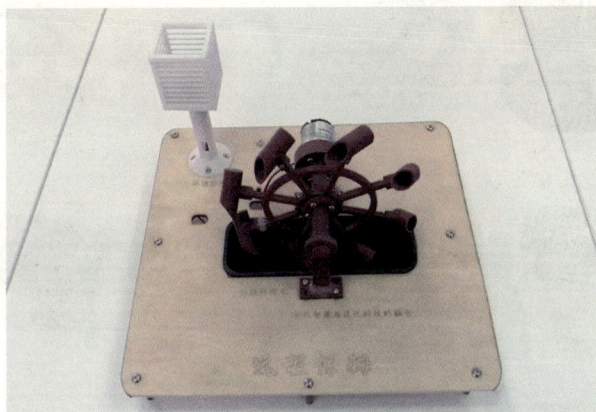

3.远程喂食器。

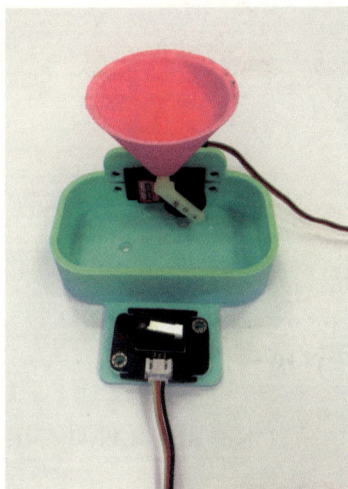

我们用到的"无极"物联网创新套件中的元件包括：

1.主控板。

2.WiFi模块。

3.USB数据线。

4.连接线。

5.舵机。

6.电机。

7.土壤湿度传感器。

8.触碰开关。

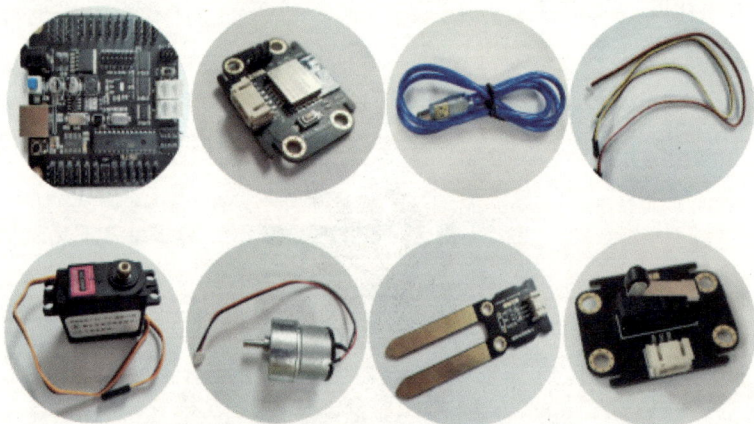

利用上面的知识，我们完成了完整的"远程保姆"项目：

在线花匠　＋　远程喂食器　＝　远程保姆

📖 项目升级

一 "在线花匠"升级

利用我们学过的知识，结合未使用的元件对"在线花匠"进行升级：

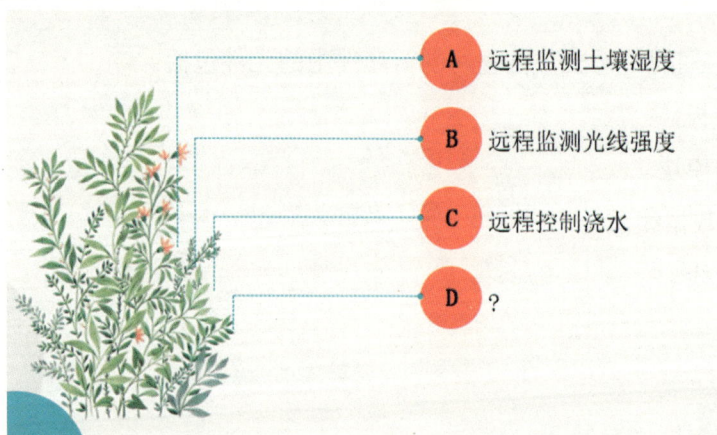

A　远程监测土壤湿度

B　远程监测光线强度

C　远程控制浇水

D　？

除了远程监测土壤湿度、远程监测光照强度、远程控制电机转动模拟浇水，你还想让"远程花匠"实现哪些功能？想要实现这些功能又需要用到"无极"物联网创新套件中的哪些元件呢？

请小组内部进行讨论分析，然后分工合作，完成"在线花匠"的升级工作吧！

二 "远程喂食器"升级

利用我们学过的知识，结合未使用的元件对"远程喂食器"进行升级：

A 远程接收触碰开关数据

B 远程喂食

C ?

除了远程接收触碰开关数据、远程喂食，你还想让"远程喂食器"实现哪些功能？想要实现这些功能又需要用到"无极"物联网创新套件中的哪些元件呢？

小组内部进行讨论分析，然后分工合作，完成"远程喂食器"的升级工作吧。

分享准备

在完成了项目升级工作之后，请各小组同学开始准备分享内容吧！

分享内容包括：

1. 小组成员介绍。

2. 小组成员分工情况。

3. 作品功能介绍及分析（目标客户、竞争优势、发展趋势、发展潜能）。

4. 作品功能演示。

5. 介绍制作过程中遇到的问题和解决方法。

6. 介绍作品在原来项目的基础上增加的创新内容。

7. 谈一谈对创新的认识与理解。

巩 固 提 升

填写完成学习手册中的内容。

· 总 结 评 价 ·

序　号	学习内容	掌握程度
1	复习项目中的知识点	☆ ☆ ☆ ☆ ☆
2	完成项目升级工作	☆ ☆ ☆ ☆ ☆
3	准备分享内容	☆ ☆ ☆ ☆ ☆
心得体会：		

第九课　王牌对对碰

学习目标

1. 完成项目成果分享展示。

2. 进行项目综合评比。

3. 总结学习感想。

分享展示

在上节课中我们利用学过的知识完成了"远程保姆"项目的最终升级工作，并且成功实现了想要的功能，这节课就让我们先来进行一下分享展示吧！

展示内容：

1. 小组成员介绍。

2. 小组成员分工情况。

3. 作品功能介绍及分析（目标客户、竞争优势、发展趋势、发展潜能）。

4. 作品功能演示。

5. 介绍制作过程中遇到的问题和解决方法。

6. 介绍作品在原来项目的基础上增加的创新内容。

7. 谈一谈对创新的认识与理解。

展示要求：

1. 声音洪亮。

2. 表述清晰。

综合评比

各小组都完成分享展示后，根据评分标准从小组内部、小组之间、教师三个维度进行小组自评、小组互评和教师评价，根据最终得分进行评比。

教具收纳

将电子元件按照标准进行收纳，具体如下图所示：

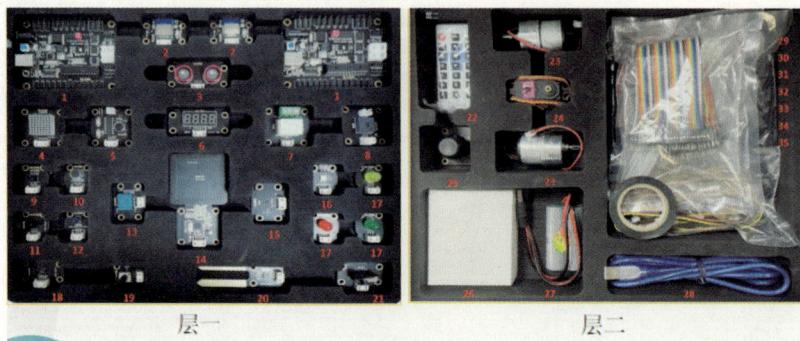

层一　　　　　　层二

巩固提升

1. 填写完成学习手册中的内容。

2. 发挥想象力，想一想我们还能利用物联网技术做什么？

· 总 结 评 价 ·		
序　号	学习内容	掌握程度
1	项目成果分享展示	☆☆☆☆☆
2	项目综合评比	☆☆☆☆☆
3	总结学习感想	☆☆☆☆☆
心得体会：		

第十课　智慧电梯——超声波

学习目标

1. 了解超声波、RGB彩灯的功能及应用。

2. 学会在云平台中创建超声波模块。

3. 认识新的编程模块，完成程序编写。

4. 完成实验电路搭建任务。

课程导入

　　请同学们观看"电梯失火"的新闻视频（详见课件），了解电瓶车进电梯的危险性。我们能否利用物联网技术让电梯侦测到电瓶车的进入，发出警告，从而避免此类悲剧的发生呢？这节课就让我们利用所学知识制作一个简易的超声波检测器吧！

新知讲解

一　侦测电瓶车

Q & A：电梯如何识别电瓶车呢？

电梯识别电瓶车的方式有……

电梯识别电瓶车的方式可能有很多种，这节课选择的方式是利用"无极"物联网创新套件里面的电子元件来模拟超声波检测识别。我们可以提出实验假设：电梯检测到有物体进入电梯，这个物体如果不是人类，那么就有可能是电瓶车。

该假设包含两个需要完成的任务：一是检测到有物体进入电梯；二是判断该物体是不是人类。

这节课的任务就是完成"检测到有物体进入电梯"的实验，同学们可以想一想利用"无极"物联网创新套件里面的哪些元件可以完成这个任务呢？

二　认识超声波

让我们通过一段视频来简单了解一下超声波吧。

由于超声波指向性强，能量消耗缓慢，在介质中传播的距离

认识超声波

较远，因而超声波经常用于距离的测量，如测距仪和物位测量仪等都可以通过超声波来实现。利用超声波检测往往比较迅速、方便，易于做到实时控制，并且在测量精度方面能达到工业实用的要求，因此在移动机器人研制上也得到了广泛的应用。

认识超声波

（一）超声波传感器

超声波传感器是将超声波信号转换成其他能量信号（通常是电信号）的传感器。可以利用"无极"物联网创新套件里面的超声波传感器来检测是否有物体进入电梯。

（二）RGB彩灯模块

除了上面提到的超声波传感器之外，为了达到更好的实验效果，我们还需要一个电子元件——RGB彩灯模块，它的作用就是配合超声波传感器检测到的距离远近，亮起不同颜色的灯光。

RGB彩灯是集成了三个全彩的LED灯，模块上每个灯都能发红、绿、蓝三种颜色的灯光。可自主调节点亮任意灯的颜色及发光亮度。

三　任务操作流程

接下来，还是按照之前我们完成任务的操作流程来进行：电路搭建→云平台模块创建→编写程序和上传→观察效果。

（一）电路搭建

现在请同学们把需要的电子元件都找出来：主控板1个、WiFi模块1个、超声波传感器1个、RGB彩灯1个、数据线1根、3P连接线1根、4P连接线2根。

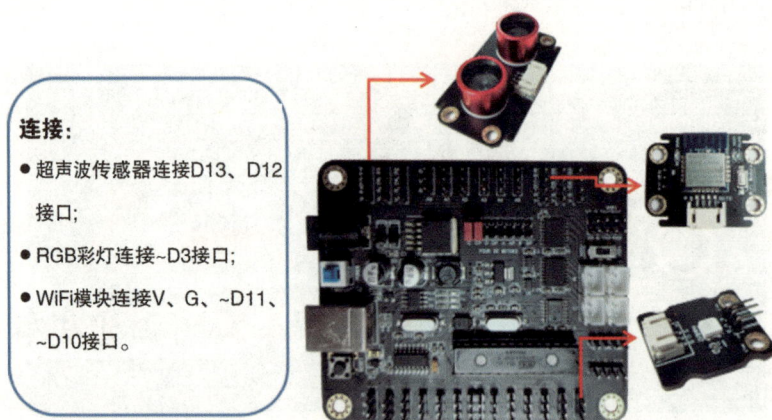

连接：
● 超声波传感器连接D13、D12接口；
● RGB彩灯连接~D3接口；
● WiFi模块连接V、G、~D11、~D10接口。

注意事项：连接线根据颜色对应接口，黄色线对应S接口，红色线对应V接口，黑色线对应G接口。

（二）云平台模块创建

1.打开云平台。

2.登录账号和密码。

3.创建一个名为"智慧电梯"的新项目。

4.在"智慧电梯"项目里面创建一个"超声波模块"。

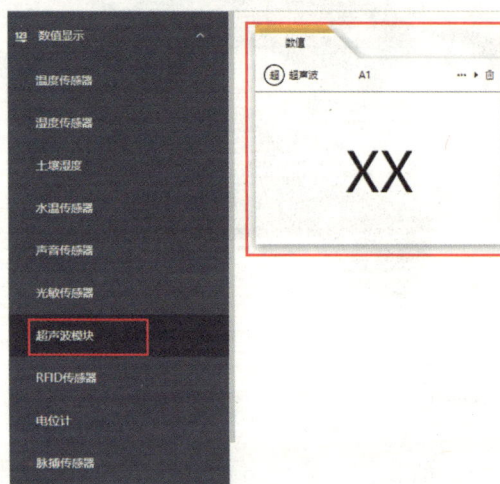

云平台上"超声波模块"示例

（三）编写程序与上传

程序任务：当超声波传感器检测到有物体距离它的值小于"20"的时候，RGB彩灯亮红色；当检测到有物体距离它的值大于等于"20"的时候，RGB彩灯亮绿色。

找到条件判断模块，对它进行变形，如下图所示：

设置判断逻辑条件：

示例程序如下：

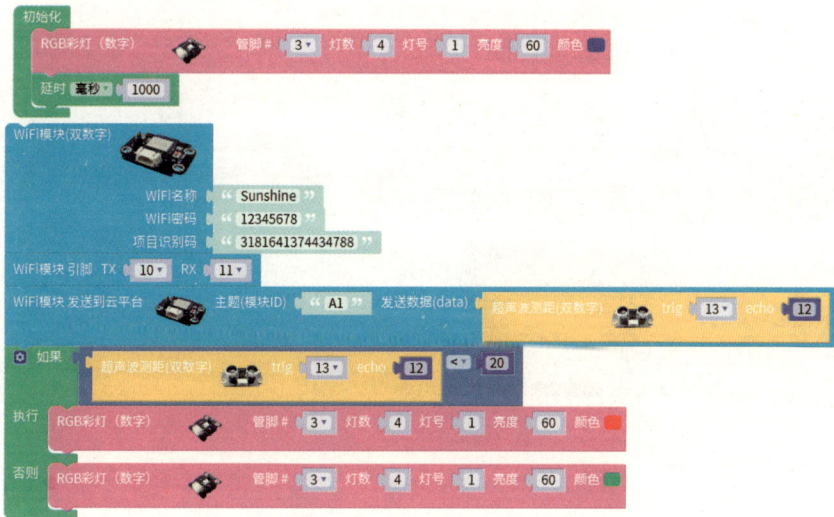

（四）观察效果

查看云平台上返回的超声波传感器检测到的数据和搭建的电路中RGB彩灯

显示的效果是否一致。如果不一致的话，说明实验不成功，要仔细查找问题出现的原因，分别从搭建的电路和编写的程序中查找原因。

巩固提升

1.完成学习手册中的随堂测验题目，巩固所学知识。

2.列举超声波传感器在生活中的应用场景。

	·总 结 评 价·	
序　号	**学习内容**	**掌握程度**
1	超声波、RGB 彩灯的功能及应用	☆☆☆☆☆
2	在云平台中创建超声波模块	☆☆☆☆☆
3	认识新的编程模块，完成程序编写	☆☆☆☆☆
4	完成实验电路搭建任务	☆☆☆☆☆
心得体会：		

第十一课　智慧电梯——人体红外

学习目标

1. 了解人体红外传感器的功能及应用。

2. 学会在云平台中创建人体红外传感器模块。

3. 认识新的编程模块，完成程序编写。

4. 完成实验电路搭建任务。

课程导入

根据上节课我们提出的实验假设：电梯可以检测到有物体进入电梯，这个物体如果不是人类，那么就有可能是电瓶车。想要达到检测的效果需要完成两个任务：一是检测到有物体进入电梯；二是判断该物体是不是人类。

上节课我们通过实验已经完成了第一个任务，这节课继续来完成第二个任务：判断该物体是不是人类。

新知讲解

一　人体红外传感器

热释电传感器，别称人体红外传感器，它可以利用专用晶体材料产生的热释电效应来检测红外线辐射的变化，从而实现检测人体运动的目的。

把白色的透镜拆下来后，我们就可以看到里面的红外探头，并且可以调节时间延迟和感应距离（不可调节太小，否则会让传感器感应不到）。

Q & A：人体红外传感器有哪些应用场景呢？

　　　　　人体红外传感器的应用场景有……

在智能家居领域，人体红外传感器主要应用在智能照明、智能安防等方面。

（一）智能照明

红外自动感应灯、感应开关等电器能够通过感应人体红外线，达到人来灯亮、人走灯灭的效果，实现自动照明。

1.感应开关

感应开关用到高性能红外探测器，可以检测到移动人体的红外辐射，只要人体在其探测范围内走过，红外自动开关就会产生电信号，启动负载。

2.感应灯具

热释电传感器相比较声光控的产品而言，抗干扰效果好。不会受到声音的干扰，只感应人体的温度，人来灯亮、人走灯灭。但需要注意的是，夏天时热释电传感器的灵敏度会降低一点，这是因为环境的温度与人体的温度越相近，热释电传感器的灵敏度越低。正常时感应距离是 5 ~ 8m。

（二）智能安防

无线智能红外探测报警器，使用了先进的信号分析处理技术，当有入侵者通过探测区域时，探测器将自动探测区域内人体的活动。如有动态移动现象，探测器则向控制主机发送报警信号。适合应用于家庭住宅区、厂房、仓库、商场、写字楼等场所的安全防范。

二　任务操作流程

（一）电路搭建

这节课的任务是在上节课任务的基础上进行的，所以还会用到上节课的超声波传感器、RGB彩灯，此外还需要用到之前学习的舵机模块（模拟开关电梯门）。现在请同学们把需要的电子元件都找出来：主控板1个、WiFi模块1个、超声波传感器1个、RGB彩灯1个、人体红外传感器1个、舵机1个、数据线1根、3P连接线2根、4P连接线2根。

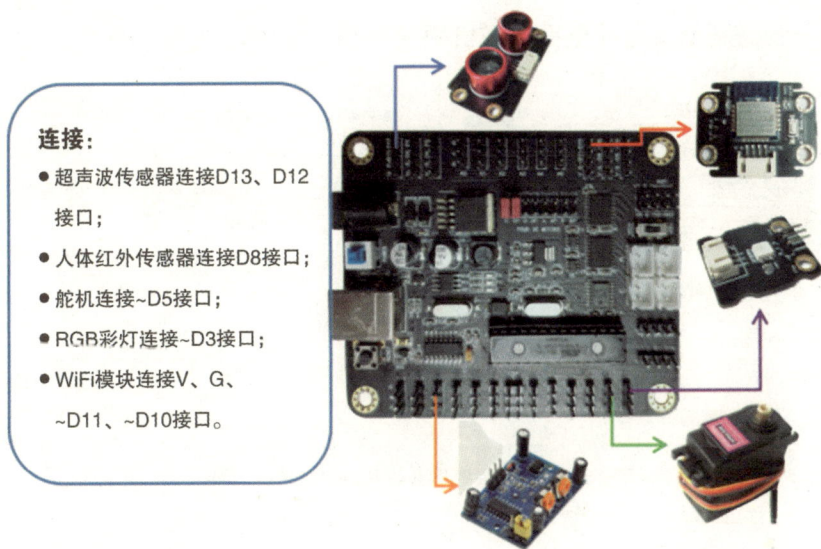

连接：
- 超声波传感器连接D13、D12接口；
- 人体红外传感器连接D8接口；
- 舵机连接~D5接口；
- RGB彩灯连接~D3接口；
- WiFi模块连接V、G、~D11、~D10接口。

注意事项：连接线根据颜色对应接口，黄色线对应S接口、红色线对应V接口、黑色线对应G接口，舵机上的褐色线对应G接口。

（二）云平台模块创建

1.打开云平台。

2.登录账号和密码。

3.在"智慧电梯"项目里创建"人体红外传感器"模块。

创建"人体红外传感器"模块时，"*0"对应没有检测到人，"*1"对应检测到有人，要和相应的图像对应，如图一所示。最后设置的结果如图二所示，然后点击"确定"，创建成功。

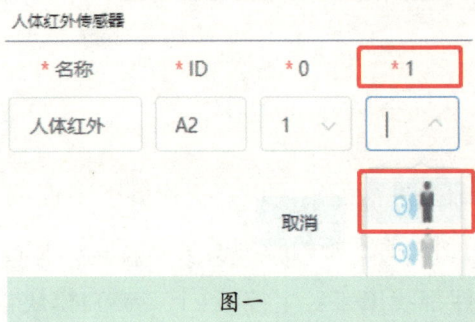

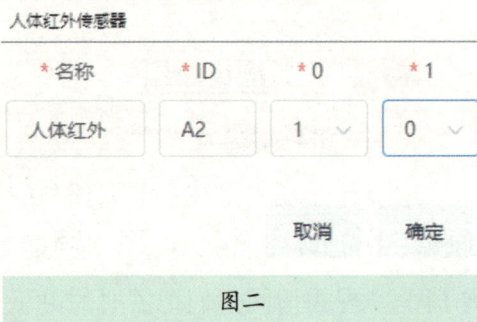

图一　　　　　　　　　　　　　　　　图二

（三）创建舵机模块

创建舵机模块时，需要填写的最小值为"0"，最大值为"180"，因为"无极"物联网创新套件里面的舵机模块转动的角度范围为0°~180°。

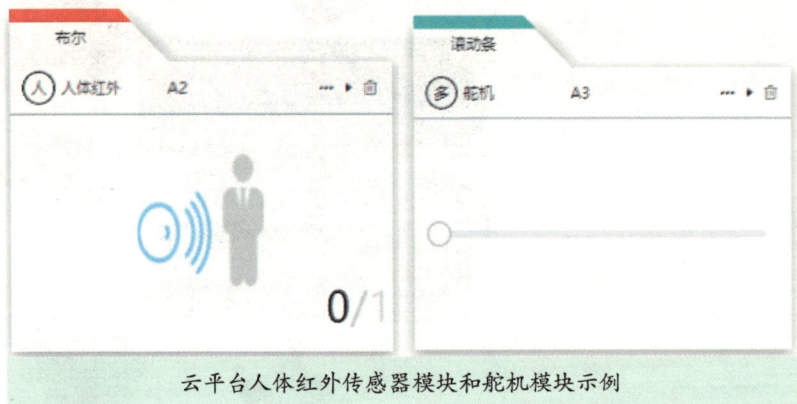

云平台人体红外传感器模块和舵机模块示例

（四）编写程序与上传

程序任务：当超声波传感器检测到前面有物体，并且该物体不是人类（人体红外传感器检测到没人）的时候，RGB彩灯亮红色，同时操控云平台上的舵机模块，人为控制电梯开门还是关门；否则RGB彩灯亮绿色。

找到需要的逻辑判断模块，如下图所示：

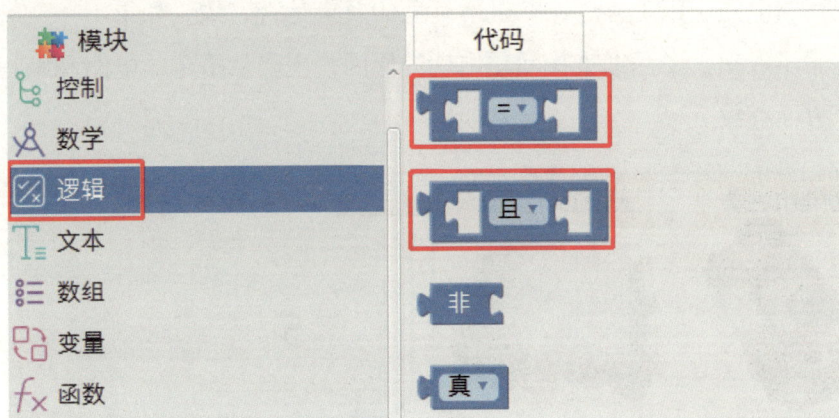

设置判断逻辑条件：有物体靠近并且该物体不是人类。

示例程序如下：

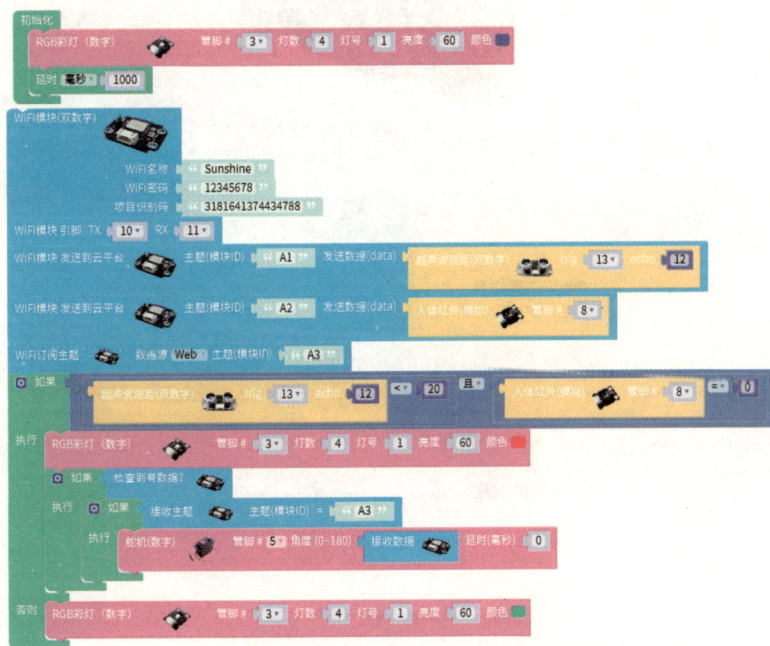

（五）观察效果

查看云平台上返回的超声波传感器、人体红外传感器数据，远程操控舵机，观察与电路中RGB彩灯、舵机所呈现的效果是否一致。如果不一致的话，说明实验不成功，要仔细查找问题出现的原因，主要从搭建的电路和编写的程序两个方面查找。

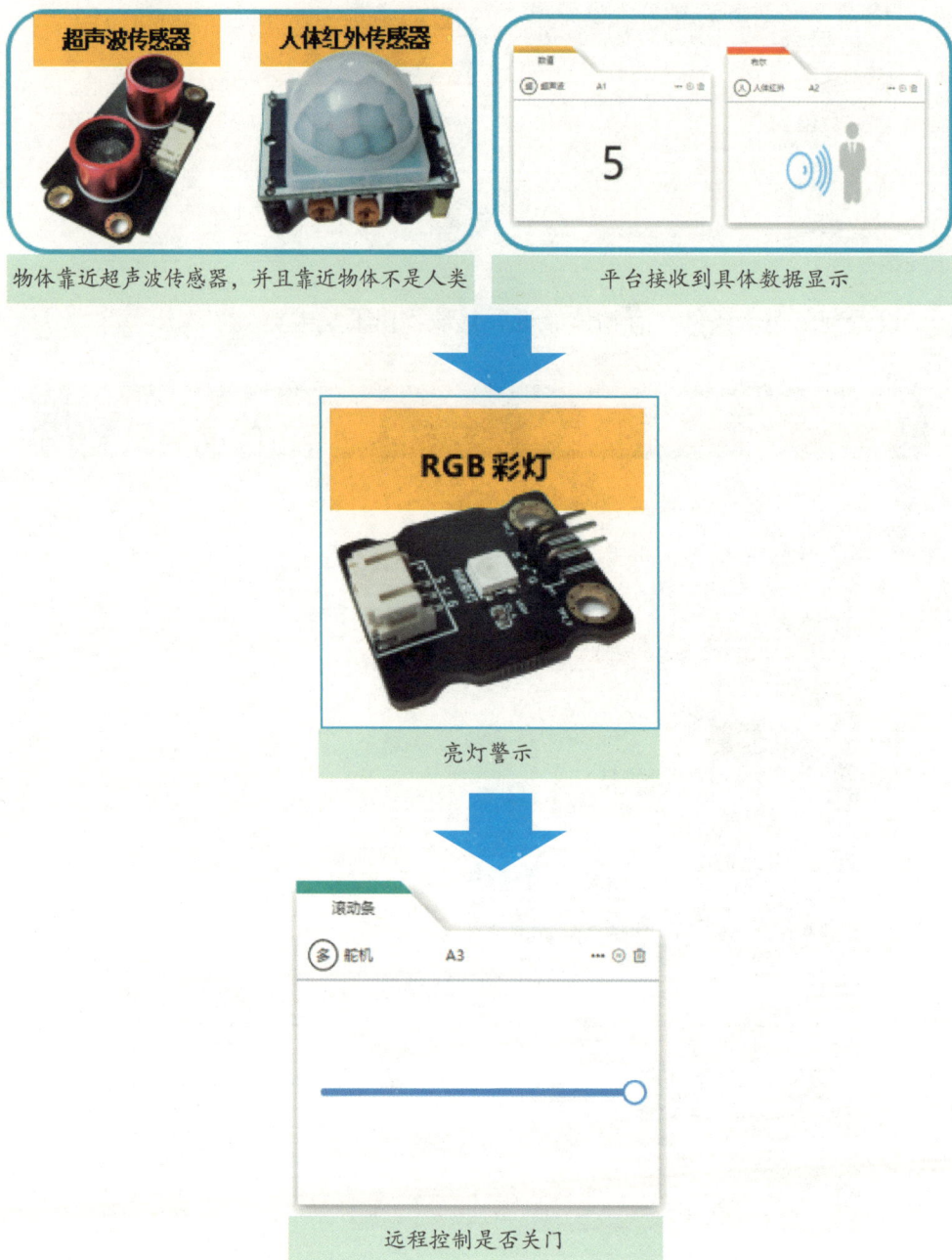

物体靠近超声波传感器，并且靠近物体不是人类

平台接收到具体数据显示

RGB彩灯

亮灯警示

远程控制是否关门

巩固提升

1.完成学习手册中的随堂测验题目，巩固所学知识。

2.熟练掌握人体红外传感器的使用方法和程序编写方法。

序　号	· 总 结 评 价 ·	
	学习内容	掌握程度
1	人体红外传感器的功能及应用	☆☆☆☆☆
2	在云平台中创建人体红外传感器模块	☆☆☆☆☆
3	认识新的编程模块，完成程序编写	☆☆☆☆☆
4	完成实验电路搭建任务	☆☆☆☆☆
心得体会：		

第十二课　智慧电梯——组建

学习目标

1. 复习巩固"智慧电梯"项目电路搭建、云平台模块创建及程序编写的相关知识。

2. 小组合作，组建合理的"智慧电梯"模型。

3. 成功实现"智慧电梯"功能。

课程导入

　　为了实现阻止电瓶车进入电梯的目的，我们进行了两次实验：一是检测是否有物体进入电梯的实验；二是判断该物体是不是人类的实验。在实验的过程中我们学习了超声波传感器、人体红外传感器和RGB彩灯模块的使用方法和程序编写方法，并且已经完成了相应的任务。

　　这节课我们的新任务就是利用激光切割好的结构件来继续组建完成"智慧电梯"模型。"智慧电梯"的基本功能如右图所示：

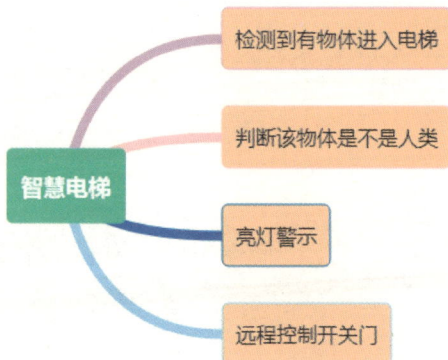

智慧电梯
- 检测到有物体进入电梯
- 判断该物体是不是人类
- 亮灯警示
- 远程控制开关门

新知讲解

一　成品展示

接下来，请大家根据已有的电梯模型，分小组合作，一起来组装电梯外形、搭建电路和编写程序。注意组装外形时，要将所有需要的电子元件安装在指定的位置，否则会影响接线。

二　外形组装

轿厢组装

整体外观

三　电路搭建

将组装好的电子元件，用相应的连接线连接起来，连线时注意接口位置和颜色对应，不要接错。

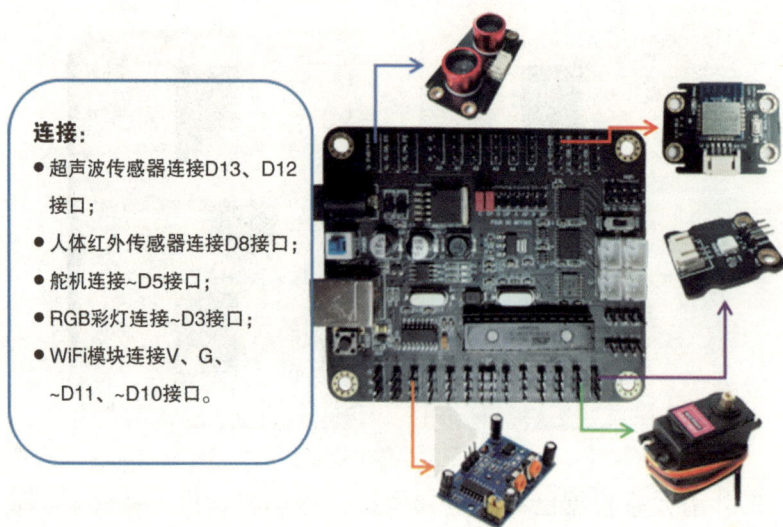

连接：
- 超声波传感器连接D13、D12接口；
- 人体红外传感器连接D8接口；
- 舵机连接~D5接口；
- RGB彩灯连接~D3接口；
- WiFi模块连接V、G、~D11、~D10接口。

四　云平台模块创建

由于之前创建的项目和模块都已经保存在云平台，不需要重新创建，只需打开网站，登录账号即可。

云平台模块示例：

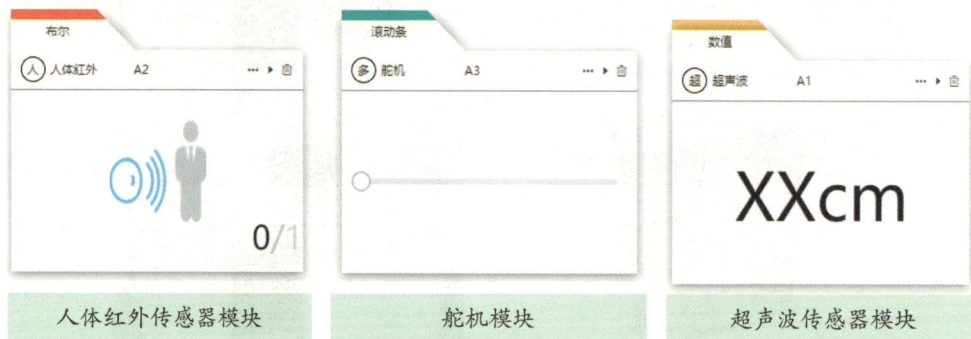

| 人体红外传感器模块 | 舵机模块 | 超声波传感器模块 |

五　编写程序与上传

自主编写程序并上传，可参考下图的程序。

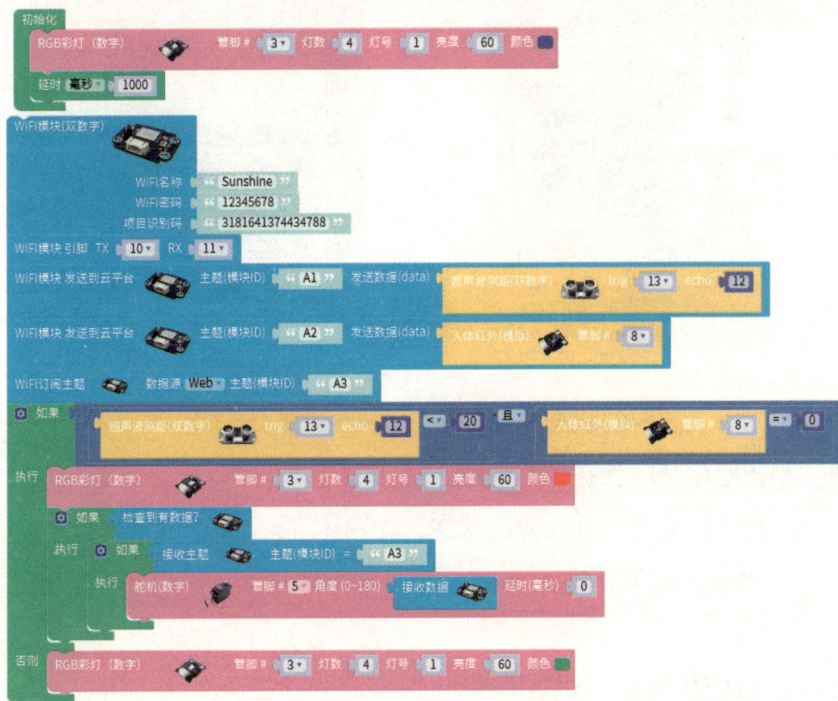

六　启动云平台，观察效果

图一

图二

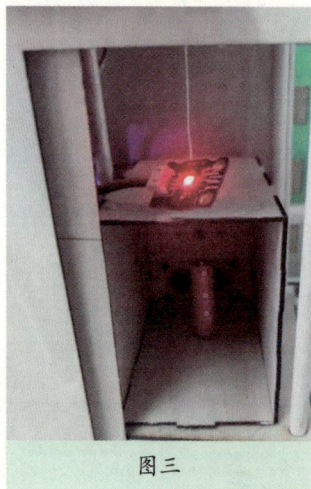

图三

图四

图一、二、三、四的状态注释如下。

图一：初始化开门状态，亮蓝灯。

图二：初始化结束，进入待机状态，无物体进入，绿灯亮起。

图三：初始化结束，进入待机状态，有物体进入，并且不是人类，红灯亮起。

图四：初始化结束，进入待机状态，有物体进入，并且是人类，绿灯亮起。

注意：为了实验效果更明显，此时RGB彩灯没有固定在轿厢上面。

Q & A：结合"无极"物联网创新套件中的现有模块，在现有项目基础上还能进行哪些功能改进或创新？

巩固提升

1.完成学习手册中的随堂测验题目，巩固所学知识。

2.在完成项目模型的基础上进一步改进和创新。

· 总 结 评 价 ·

序 号	学习内容	掌握程度
1	"智慧电梯"相关知识	☆ ☆ ☆ ☆ ☆
2	组装"智慧电梯"模型外观	☆ ☆ ☆ ☆ ☆
3	完成实验电路搭建任务	☆ ☆ ☆ ☆ ☆
4	实现"智慧电梯"功能	☆ ☆ ☆ ☆ ☆
心得体会：		

第十三课　智慧电梯——展示

学习目标

1. 加深对"智慧电梯"项目中涉及的物联网知识的理解。

2. 锻炼语言表达能力。

3. 分析"智慧电梯"项目的市场价值。

课程导入

大家已经完成了"智慧电梯"的组建，这节课就以小组为单位来进行分享和展示吧！

新知讲解

一　项目分享

分享内容主要包括以下几个方面：

1.介绍自己和小组成员，简述小组成员之间是如何分工合作的？

2.制作过程中遇到了哪些问题？是否都得到解决？

3.在完成基本功能的基础上，增加了哪些创新的地方？

4.其他想要分享的内容。

请各个小组先根据以上内容制作PPT，之后以小组为单位派代表上台分享。

二 效果展示

展示"智慧电梯"模型的功能和效果。

三 教师点评

每个小组分享展示之后，教师对他们的项目完成度和分享过程进行评价。

四 项目分析

项目完成后，从创业的角度来思考和讨论"智慧电梯"项目的市场价值，分析将其投产的可行性。

主要从目标客户、竞争优势、发展趋势、发展潜能等四个方面来分析，探讨未来我们还能做哪些有价值的项目？

五 学习总结

回顾和总结物联网课程中学习到的所有物联网知识。

巩固提升

1. 完成学习手册中的随堂测验题目，巩固所学知识。
2. 尝试用"无极"物联网创新套件中的电子元件做更多有趣的实验。

· 总 结 评 价 ·

序　号	学习内容	掌握程度
1	掌握物联网课程相关知识	☆☆☆☆☆
2	锻炼语言表达能力	☆☆☆☆☆
3	分析"智慧电梯"项目的市场价值	☆☆☆☆☆

心得体会:

科技双创启迪课程

——体验VR拍摄与资源制作

山东智慧天下课程编写组 著

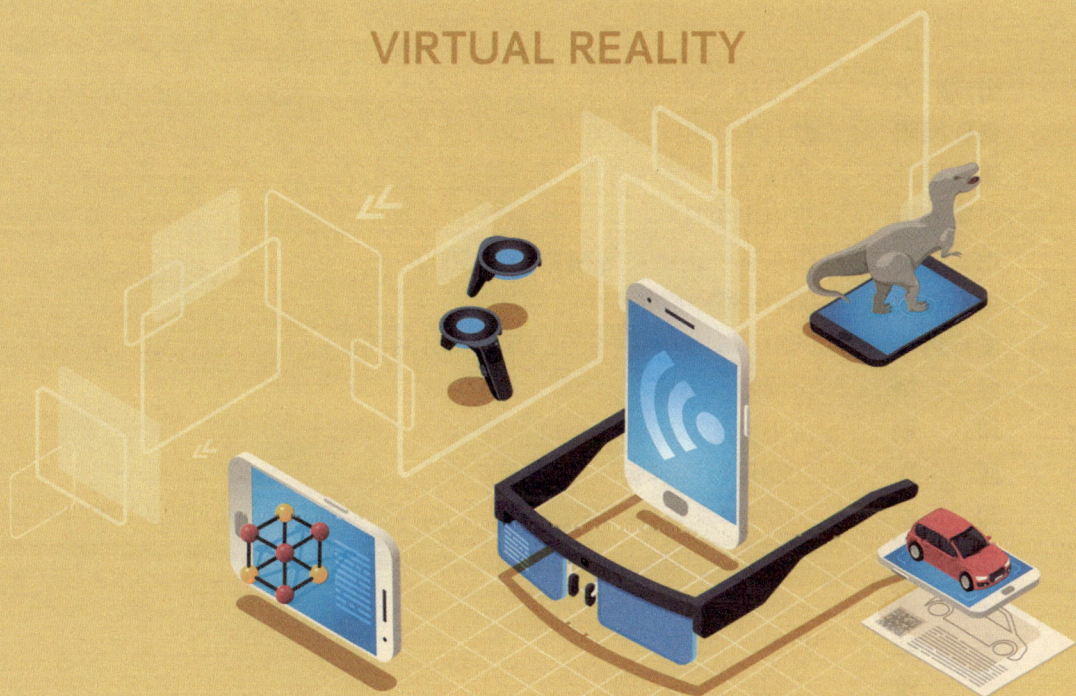

VIRTUAL REALITY

山东城市出版传媒集团·济南出版社

图书在版编目（CIP）数据

体验VR拍摄与资源制作 / 山东智慧天下课程编写组
著 . -- 济南 : 济南出版社 , 2022.7
科技双创启迪课程
ISBN 978-7-5488-5167-7

Ⅰ . ①体… Ⅱ . ①山… Ⅲ . ①虚拟现实 - 应用 - 拍摄
技术 - 教材 Ⅳ . ①TB82

中国版本图书馆CIP数据核字(2022)第115100号

科技双创启迪课程 —— 体验VR拍摄与资源制作

KEJI SHUANGCHUANG QIDI KECHENG
—— TIYAN VR PAISHE YU ZIYUAN ZHIZUO

出 版 人	田俊林
责任编辑	尹利华　叶　子
装帧设计	曹晶晶
出版发行	济南出版社
地　　址	山东省济南市二环南路1号(250002)
编辑热线	0531-86131748
发行热线	0531-86131728　86922073　86131701
经　　销	全国新华书店
印　　刷	济南鲁艺彩印有限公司
版　　次	2022年7月第1版
印　　次	2022年7月第1次印刷
成品尺寸	185mm×260mm　16开
印　　张	2.5
字　　数	42千
定　　价	198.00元（全三册）

济南版图书，如有印装质量问题，请与出版社联系调换。
联系电话：0531-86131736

本册主编：李卫东

副主编：盛建军　乌　娟

《科技双创启迪课程——体验 VR 拍摄与资源制作》编委会

主 任

邢建平　教育部高等学校创新方法教学指导分委员会委员

国际大学生 iCAN 创新创业大赛中国区主席

山东大学创新创业学院副院长

副主任

李卫东　济南市技师学院

盛建军　济南市工业学校

委 员

殷培基　济南电子机械工程学校

乌　娟　济南理工中等职业学校

刘　民　济南信息工程学校

魏祥迁　齐鲁师范学院

隋　扬　济南信息工程学校

王代勇　济南电子机械工程学校

柴树娟　济南市章丘区教师进修学校

王建新　济南市教育信息化工程实验室

于红梅　诸城市实验初级中学

鸣谢：华为开发者创新中心

北京博海迪信息科技有限公司

序 言

什么是好教材？

个人认为一本好的教材要包含三个特点：使用者看得懂，看完记得住，学了用得上。首先，教材要让使用它的人读起来没有障碍，通俗易懂；其次，教材的主要功能是传播信息，需要深入浅出，用简单的案例诠释深刻的道理；最后，教材还要结合实际，使用者学了之后能够帮助其解决现实中的问题或疑惑。

其实在实际的教材编写中，能满足这三个特点并不容易，尤其是面对中职学生的可借鉴的成熟教材较少，编写难度也更高。但我们没有望而却步，而是在实践中不断地尝试和摸索。针对中职学生特点，如何激发学生的兴趣，提高他们学习的积极性和主动性，帮助教师展示课堂教学效果，教材内容的编排和设计显得尤为重要。

这套中等职业学校创新创业课程系列丛书除了具有教材传播信息的功能之外，还承担了一定的引导功能。本套教材的内容是在实践的基础上，依据中职学生的身心发展水平、认知规律来编写的，尽量用通俗易懂的语言和生活中常见的案例来深入浅出地讲解课程内容。

《科技双创启迪课程——体验VR拍摄与资源制作》这本书更是着眼于学生的接受水平，从中职学生的实际出发，主张"寓教于乐"，教学目标主要定位于以下几个方面：1.学生能够掌握VR相关的基本知识。2.学生借助一定的工具，小组合作完成VR视频资源的制作。3.学生利用VR设备体验VR场景互动。

为了达到教学目标，实现较好的课堂效果，VR课程以学生体验为主线，在小组探索和设备体验过程中设置相应的知识，让学生们感受到学习的乐趣。该课程设置了"我的母校"综合运用项目，在该项目实施的过程中又分解为多个任务，学生在完成该项目的过程中，需要了解VR相关的基本知识，掌握VR全景相机的使用技巧，学习VR

全景漫游视频的制作方法，还需要亲自去校园内取景拍摄素材，通过小组内成员分工合作，共同完成"我的母校"作品的制作，最后通过分享展示来讲解项目的完成情况、过程中遇到的问题和解决办法。在项目完成的过程中培养学生的团队合作意识，锻炼学生的动手能力，启发学生的创新思维，埋下创业的种子。

这套中等职业学校创新创业课程系列丛书作为我们在完善中职创新创业课程探索道路上的阶段性成果，期待能与各位读者形成共鸣。由于编者学识和水平所限，书中不妥和错漏之处在所难免，敬请读者批评指正。

李卫东

2022 年 6 月

目录

·学习目标·

◎了解 VR 的概念和特点。

◎了解 VR 的应用领域和应用案例。

◎掌握 VR 设备的使用方法。

·学习目标·

◎掌握 VR 全景相机的基本功能。

◎了解应用程序——"理光景达"
　的功能与操作步骤。

◎掌握 VR 相机支架的使用方法。

◎掌握 VR 相机的拍摄技巧。

·学习目标·

◎了解 VR 全景漫游视频的操作
　方式和效果。

◎掌握 VR 全景漫游制作工具的
　编辑功能。

◎学会发布 VR 全景漫游作品。

·学习目标·

◎以"我的母校"为主题，制作
　小组作品。

◎能够完整地向大家讲解作品的
　设计思路。

◎小组合作，拍摄满意的图片素材。

·学习目标·

◎ VR 相机素材导出到电脑。

◎用全景漫游工具制作效果满意的
　小组作品。

◎展示和分享小组作品。

·学习目标·

◎理解创业和创业者的含义及
　关系。

◎了解科林·巴罗提出的创业
　者六大特质。

◎学会分析自身创业的优势和
　劣势。

◎对创业有进一步的思考。

第一课 初识 VR

学习目标

1. 了解 VR 的概念和特点。

2. 了解 VR 的应用领域和应用案例。

3. 掌握 VR 设备的使用方法。

课程导入

韩国的某技术团队经过8个月的努力，通过VR系统，帮助了一位母亲与去世女儿再次"重逢"的故事，引得无数人落泪。请同学们观看视频（详见课件），体会科技创新给人们生活带来的巨大改变。

VR作为一种虚拟现实技术，其利用三维空间建立起虚拟世界，给用户提供了多种感官的模拟，随着科技的不断进步发展，虚拟现实技术也取得了巨大的发展，并逐步成为一个新的科学技术领域。就像上面视频里的故事一样，能够通过VR技术去实现人类的某一心愿，也是科学技术更加人性化的表现。

新知讲解

一 VR 简介

Q & A：你理解的 VR 是什么？

同学们说了自己对于VR的理解，我们再通过一段视频来了解一下VR的概念和特点。

VR全称Virtual Reality，又称虚拟现实，它是利用计算机图形系统以及各种显示、控制等接口设备，在计算机上生成一个可交互、沉浸式三维空间的技术。

VR 的特点主要有：三维（3D）、可交互和沉浸式。

三维（3D）指的是呈现效果是全景720°无死角；可交互是指VR虚拟现实场景是非单向的；沉浸式指的是让使用者分不清虚拟与真实（真正的沉浸是视觉、听觉、触觉甚至是嗅觉、味觉都与虚拟场景的交互），它是衡量一个VR设备优劣的重要指标。

接下来我们可以通过一个视频（详见课件）来感受VR的三个特点。

VR 购物介绍

VR 手术直播介绍

VR 的应用

Q & A：你能想到 VR 可以在哪些方面应用？

随着技术的逐渐成熟，VR的应用场景也在不断地增加，那么VR技术的应用领域都有哪些呢？接下来就让我们通过几个具体案例来了解一下。

VR 购物

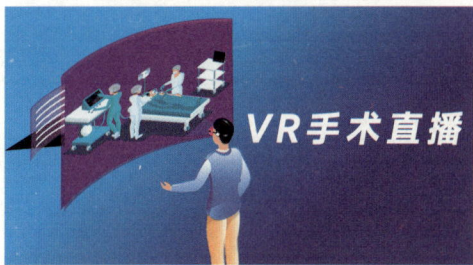
VR 手术直播

VR 游戏

VR 文旅景区

VR技术的应用不仅仅局限于上面的几个案例，它的应用领域涵盖娱乐、教育、旅游、工业，等等。

三　VR 设备体验

了解了VR的应用场景之后，我们就用这套VR设备一起来亲身感受一下VR技术带给我们的沉浸式体验吧。

让我们一起来学习VR设备的使用方法。

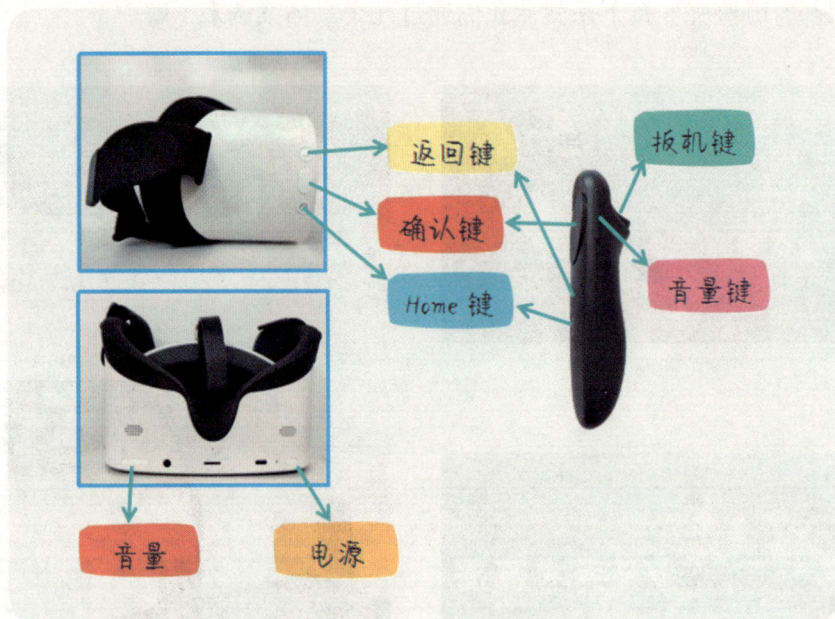

电源键：长按开/关机。

音量键：调整音量的大小。

返回键：返回上一个页面。

确认键：确定进入下一步。

扳机键：确定进入下一步；与场景进行互动。

Home键：一键返回主页面；长按可以调整观看的最佳角度。

巩固提升

完成学习手册中的随堂测验题目，巩固所学知识。

· 总 结 评 价 ·		
序　号	学习内容	掌握程度
1	VR 的概念和特点	☆ ☆ ☆ ☆ ☆
2	VR 的应用领域和应用案例	☆ ☆ ☆ ☆ ☆
3	VR 设备的使用方法	☆ ☆ ☆ ☆ ☆
心得体会：		

第二课　玩转 VR 相机

学 习 目 标

1. 掌握 VR 全景相机的基本功能。
2. 了解应用程序——"理光景达"的功能与操作步骤。
3. 掌握 VR 相机支架的使用方法。
4. 掌握 VR 相机的拍摄技巧。

课程导入

全景视频展示

　　请同学们观赏VR全景图片和VR视频，感受VR全景图片和VR视频效果的特别之处。

这节课的任务就是在掌握VR全景相机的基本功能和应用程序的基础上来制作属于我们自己的VR图片和VR视频。

新知讲解

一 认识 VR 相机

（一）VR相机套装的组成

VR相机套装包含VR相机、VR相机支架、电源适配器、专用电源（充电宝）和收纳包。

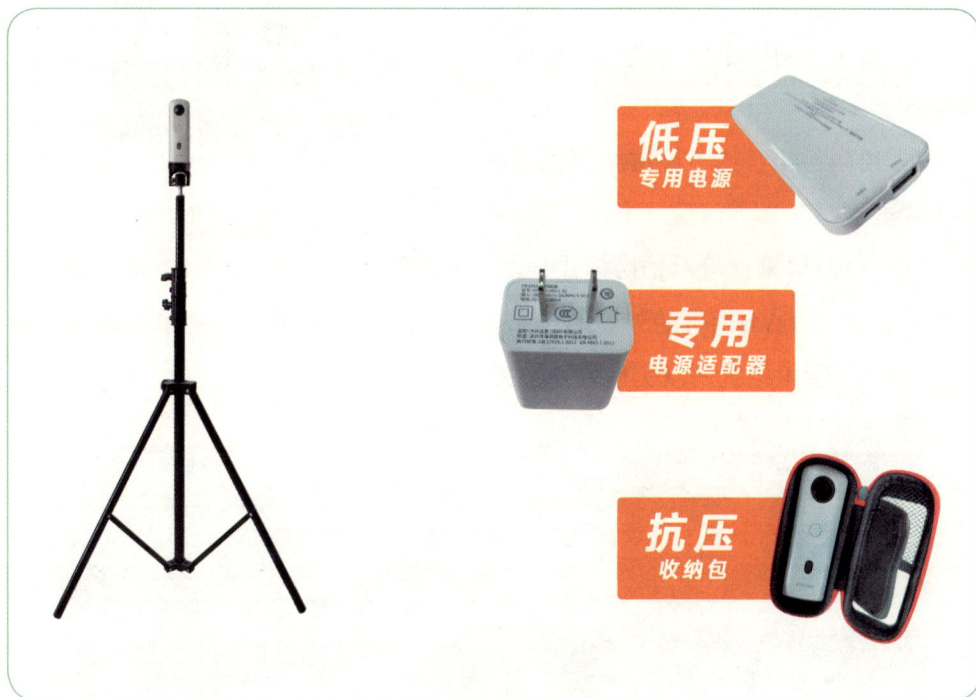

注意事项：

1. 充电方式：使用附带的USB数据线连接电脑进行充电；使用配套的电源适配器进行充电；使用配套的充电宝进行充电。

2. 存放方式：不使用时，要将相机放在随附的收纳包中。

（二）VR相机的外观结构和功能

Q & A：请同学们从相机套装里面找出来 VR 相机，先参照说明书，了解下图中 VR 相机各个功能按键的名称以及它们的作用是什么。

各功能按键的作用简介：

①电源按钮：打开/关闭电源。

②无线按钮：打开/关闭无线LAN（局域网）功能和蓝牙功能。

③模式按钮：切换拍摄模式，实现拍摄静态图像、拍摄动态图像和室内预设之间的切换。

④自拍器按钮：打开/关闭自拍器。

⑤镜头：两个半球形镜头，捕捉全景画面。

⑥快门按钮：按下该按钮可拍摄静态图像或视频。

⑦OLED 屏幕：显示拍摄模式、电池电量等。

大家了解了VR相机的外观结构和功能，现在一起来通过一个短视频（详见课件）看看VR相机可以实现哪些拍摄效果吧。

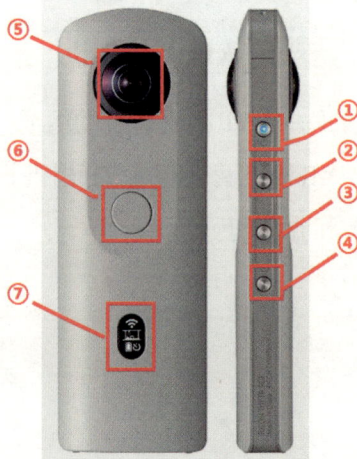

二 了解应用程序——理光景达

"理光景达"应用程序的图标

（一）功能

1. "理光景达"应用程序是一款可支持实时取景拍摄以及修改各类拍摄设置的基本应用程序。

2. VR相机连接上智能手机之后，通过"理光景达"应用程序可实现遥控摄像和浏览球面图像。

（二）操作步骤

1. VR相机连接智能手机，操作步骤如下。

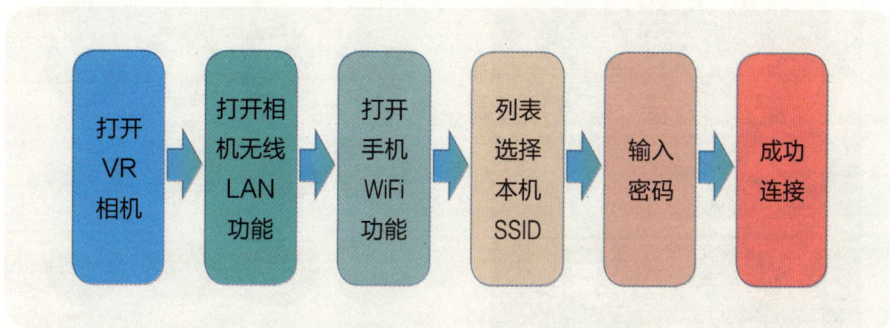

打开VR相机 → 打开相机无线LAN功能 → 打开手机WiFi功能 → 列表选择本机SSID → 输入密码 → 成功连接

注意事项：

（1）按下无线按钮，无线LAN功能被打开，此时OLED面板上闪烁📶，无线LAN成功连接后，📶常亮，不再闪烁。

（2）一部VR相机同时只能连接一部手机。

（3）VR相机底部印刷的序列号与SSID和密码相关联，以下图为例。

序列号：YP41100809
密码：本例为 41100809
SSID：THETA+ 序列号 +.OSC
本例为 THETAYP41100809.OSC

2. 相机拍摄及图像保存。

（1）连接成功之后，打开"理光景达"应用程序，界面显示如下图：

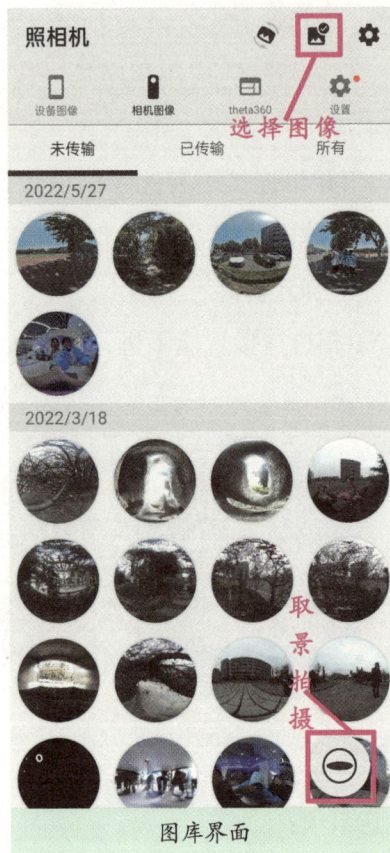

取景拍摄界面　　　　　　　　　　图库界面

（2）取景拍摄界面主要功能介绍。

模式切换：点击相应的图标，可以实现三种拍摄模式的任意切换。

拍摄参数设置：点击打开参数设置界面，可以更改相机的参数设置，例如延时拍摄等。

视图效果：可以切换球面图和平面图的视图效果。

EV：用来调整相机的曝光补偿，不同相机的曝光补偿调节范围不同，此款VR全景相机的曝光补偿调节范围在−2EV到+2EV。如果环境光源偏暗，即可增加曝光值（如调整为+1EV、+2EV）以突显画面的清晰度。

WB：白平衡，校正相机拍摄成品的颜色，一般选择"AUTO"（自动）模式即可。

图库：点击图标可以打开相机图库界面。

快门：打开快门，光线对感光软件进行感光，形成影像。

（3）图库界面介绍。

在图库界面会显示相机拍摄的所有图像，可以一键全选删除图像，也可以根据需求选择删除单个图像，点击"理光景达"图标可以返回到取景拍摄的界面。

未传输：相机已经拍摄的图像，但是还没有传输到连接的手机上。

已传输：相机已经拍摄的图像，并且已经传输到连接的手机上。

所有：包括"已传输"和"未传输"的图像，所有未被删除的图像。

注意事项：

相机拍摄的静态图像一般会自动传输到连接的手机上，但是拍摄的动态图像需要手动传输，点击想要传输的图像开始传输到手机。

三　VR 相机支架的使用

请同学们正确打开和使用VR相机支架。

使用VR相机支架拍摄具有获得更好的稳定性、获取更多的光线以及拍摄更清晰的图片等多重优势。

注意事项：

1. 固定VR相机的时候，不要拧得太紧。

2. VR相机支架打开之后，一定要再次固定好。

四　自主练习

同学们用智能手机连接VR相机拍照、录视频并观看作品效果，拍摄时可以将VR相机直接放在一个稳定的地方，也可以固定在VR相机支架上拍摄。

巩 固 提 升

1. 完成学习手册中的随堂测验题目，巩固所学知识。

2. 熟练掌握VR相机和相机支架的使用方法。

·总 结 评 价·

序　号	学习内容	掌握程度
1	VR 相机的基本功能	☆☆☆☆☆
2	应用程序——"理光景达"的功能与操作步骤	☆☆☆☆☆
3	VR 相机支架的使用方法	☆☆☆☆☆
4	VR 相机的拍摄技巧	☆☆☆☆☆
心得体会：		

第三课　VR全景漫游

学习目标

1. 了解VR全景漫游视频的操作方式和效果。

2. 掌握VR全景漫游制作工具的编辑功能。

3. 学会发布VR全景漫游作品。

课程导入

请同学们观看《济南的雪》和《天空之境——双月湾》两个案例视频（详见课件），感受VR全景漫游视频的视觉效果，体验视频播放的操作方式和基本功能。

新知讲解

一 VR 全景漫游视频

VR全景漫游视频是指在由全景图像构建的全景空间里进行切换，可以浏览各个不同场景的视频。

二 VR 全景漫游制作工具

操作步骤如下：

1.打开电脑上的Edge浏览器。

2.在地址栏搜索网址：www.720yun.com，进入全景漫游制作工具平台。

3.点击网页右上角"登录"按钮，在弹出的对话框中输入正确的手机号和密码（详见课件），登录账号。

4．点击"进入作品管理"按钮，进入作品管理界面，找到账号下面已有的作品，点击作品名称，即可观看相应作品的效果。

5. 点击"发布"按钮下拉菜单中的"全景漫游"，在出现的页面中，添加素材图片，填写相关信息，最后点击"发布作品"按钮。

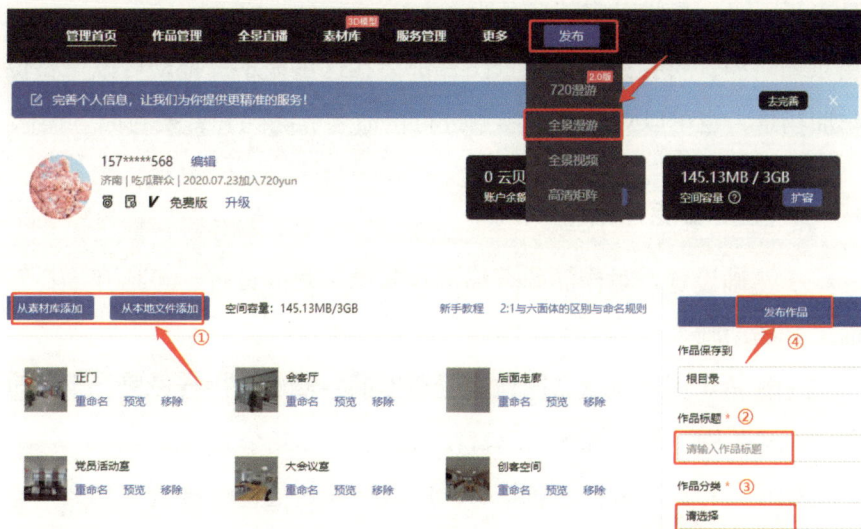

6. 发布作品之后，在跳转页面选择"前往编辑作品"按钮，即可进入全景漫游制作工具的编辑界面。

编辑界面主要包括功能导航栏、编辑区和场景缩略图几个板块，以基础功能编辑为例，如下图所示：

功能导航栏：所有的功能指令都在这里展示。

编辑区：添加功能的具体参数可以在这里编辑和设置（不同的功能编辑区的位置有所不同，具体以实际显示为准）。

场景缩略图：所有添加的全景图片都会在这里显示，拖动可以调整位置，可以添加场景，也可以对已有的场景进行重命名、删除和替换封面等操作。

三 主要功能介绍

（一）基础设置：对作品的全局进行基础参数的设置，包括开场提示、开场封面、开场动画等。

（二）视角：可以对全景图像观看角度的一些参数进行设置，主要包括初始视角、视角范围、水平视角和垂直视角的范围等几个方面。

1. 初始视角：观看者打开场景时，默认展示的位置内容。

2. 视角范围：分为"最近"和"最远"两种范围，"最近"是指场景画面可放大到的最近距离，"最远"是指场景画面可缩小到的最远距离。

3. 水平视角/垂直视角：视角分为水平视角和垂直视角。水平视角范围为$-180°\sim+180°$（共360°）；垂直视角范围为$-90°\sim+90°$（共180°）。

（三）热点：全景内常用的交互方式，在全景漫游中增加图标按钮，图标按钮可关联全景切换、超链接、图片热点、视频热点、文本热点、音频热点、图文热点、环物热点、文章热点等，浏览者可点击图标按钮浏览相关内容，以获得更多信息。

根据需求可以添加不同类型的热点：

1. 全景切换：在一个全景漫游中有多个场景，使用热点"全景切换"可设置切换到不同场景，同时可设置热点的名称。

2. 超链接：用于链接到其他网页。打开方式有在新窗口打开（不影响当前页面），在本窗口打开（当前页面跳转到指定链接），在弹出层打开（在全景内弹出网页。注意，此时需要填写的网页链接必须支持https协议且目标网站没有 iframe 嵌入限制，否则，将无法使用弹出层来展示超链接网页）。

3. 图片热点：点击热点，弹出图片集进行展示，单张图片最大支持2000×2000px且不得大于700KB（超过该尺寸将被系统压缩或者提示系统出错），可添加多张平面图片，同时可设置超链接跳转。

4. 视频热点：点击热点，弹出视频进行展示，支持第三方视频及本地上传两种形式，本地视频无广告加载块。

5. 文本热点：点击热点，弹出文本进行展示。

6. 音频热点：点击热点，播放指定音频文件。

7. 图文热点：点击热点，支持图片、文本、音频内容进行讲解。

8. 环物热点：点击热点，弹出环物序列图，通过左右拖拽，进行环物展示。环物序列图要求满足的要求是序列图数量≤50张，单张图片大小≤600KB，序列图命名以连续数字命名。

9. 文章热点：需要开通专业版，此处不多做介绍。

```
┌─────────────────────────────┐
│ 选择一种热点类型以继续    ▲│
│                           ▼│
├─────────────────────────────┤
│  全景切换                   │
│  超链接                     │
│  图片热点                   │
│  视频热点                   │
│  文本热点                   │
│  音频热点                   │
│  图文热点                   │
│  环物热点                   │
│  文章热点                   │
└─────────────────────────────┘
```

（四）遮罩：遮罩分为天空遮罩和地面遮罩，天空遮罩显示在场景的顶部，地面遮罩显示在场景的底部，用于LOGO露出、补天/补地等，图片格式建议500×500px的正方形 .jpg或 .png格式。

（五）音乐：可以添加背景音乐和语音讲解两种类型。

1. 背景音乐：为场景添加背景音乐，仅支持 .mp3 格式文件，可选择背景音乐应用的场景，打开漫游将自动播放背景音乐。

2. 语音讲解：为场景添加语音讲解，仅支持 .mp3 格式文件，可选择语音讲解应用的场景，打开漫游不会自动播放，需要点击播放。

（六）特效：包括场景特效和顶部滚动文字特效两种类型，适用于不同类型的作品。

1. 场景特效包含以下几大类。

（1）太阳光：太阳光特效可模拟实际的太阳光效果在全景内进行动态展示，适用于室外场景以及晴天等情况。

（2）下雪/下雨：在场景中模拟下雪/下雨的效果，可根据需求选择雪/雨量的大小，适用于室外场景、下雪、下雨以及雪后等情况。

（3）红包雨/爱心雨/铜钱雨：在场景中添加此类特效，可烘托场景装饰、活动效果，适用于营销类项目的需求。

（4）自定义特效：支持上传本地图片（建议 .png或 .gif格式）实现自定义特效，适用于营销类项目的需求。

以上场景特效选择"一键应用/一键清除"选项，即可在场景内快速应用。

2. 顶部滚动文字特效：在场景顶部添加滚动文字字幕，用于作品简介、场景介绍等直观信息展示，还可为其添加超链接。

顶部滚动文字特效选择"一键应用/一键清除"选项，即可在场景内快速应用。

四　保存和发布

用全景漫游制作工具的各种功能编辑好作品之后保存，点击右上角的"预览"选项可以预览效果，退出编辑界面即默认作品发布。作品发布之后还可以重新编辑。

巩 固 提 升

1. 完成学习手册中的随堂测验题目，巩固所学知识。

2. 小组探究学习全景漫游制作工具其他功能的使用。

· 总 结 评 价 ·		
序　号	学习内容	掌握程度
1	VR 全景漫游视频的操作方式和效果	☆☆☆☆☆
2	VR 全景漫游制作工具的编辑功能	☆☆☆☆☆
3	发布 VR 全景漫游作品	☆☆☆☆☆
心得体会：		

第四课　我的母校

学 习 目 标

1. 以"我的母校"为主题，制作小组作品。
2. 能够完整地向大家讲解作品的设计思路。
3. 小组合作，拍摄满意的图片素材。

课程导入

Q&A：母校是什么？

母校就是那个你刚来时巴不得马上离开，可真正说再见时却万般不舍的地方；是那个你可以一天抱怨她无数遍，却不许别人说她半个"不"字的地方；

是那个即使空间狭小、校舍破旧，你也觉得她是天下无双世间最美的地方；是那个你从来不需要想起，可一旦想起就心中充满了无限温情的地方。

即便你现在还不能理解"母校"这两个字的含义，但总有一天你会明白，这里是承载了无数美好回忆，记录着那些想回却回不去的过去的地方。

新知讲解

一　任务发布

利用VR相机在校园内自由拍摄，然后综合运用全景漫游制作工具制作全景漫游视频，作为小组作品。

（一）作品主题：我的母校。

（二）展示内容：不限（可以拍校园的花草、建筑、师生等）。

（三）取景地点：教学楼、图书馆、操场等。

（四）呈现形式：全景漫游。

（五）基本要求：

1. 小组协作。

2. 内容积极向上、禁止恶搞。

3. 作品要围绕主题，表达真情实感。

4. 使用VR相机拍摄。

5.使用全景漫游制作工具进行编辑。

6.必须添加热点、效果、音乐三种功能。

（六）注意事项：

1.保证个人和设备安全。

2.不得出校门，不得大声喧哗，不得嬉笑打闹。

二　绘制思维导图

思维导图，又名心智导图，是表达发散性思维的有效图形思维工具，本质上是为了引导思维而画的草稿图，用于整理思维，提高我们的效率。

现在请同学们以小组为单位，先讨论思考，然后在纸上手绘出你们作品的设计思路，也可以用电脑上的软件绘制出来，最后以思维导图的形式呈现。

请每个小组派一名同学来给大家简单讲解所在小组的设计思路。

三　自主取景拍摄

请同学们按照设计好的作品内容，以小组为单位在校园内自主取景。

注意事项：

下节课在用全景漫游制作工具编辑作品时，需要用手机的数据线将VR相机拍摄的素材从手机导出到电脑。

巩 固 提 升

1. 完成学习手册中的随堂测验题目，巩固所学知识。

2. 熟练掌握VR全景图片的拍摄技巧和全景漫游制作工具的使用方法。

序　号	学习内容	掌握程度
	· 总 结 评 价 ·	
1	小组合作完成拍摄任务	☆☆☆☆☆
2	讲解作品的设计思路	☆☆☆☆☆
3	拍摄满意的图片素材	☆☆☆☆☆

心得体会：

第五课　在我眼中你最美

学习目标

1. VR 相机素材导出到电脑。

2. 用全景漫游工具制作效果满意的小组作品。

3. 展示和分享小组作品。

课程导入

上节课同学们以"我的母校"为主题，画了小组作品的思维导图，围绕作品主题和设计思路，在校园内自主取景，拍摄了所需素材，这节课我们就继续完成后期编辑部分。

新知讲解

一　将图片素材导出到电脑

（一）VR相机连接手机之后，将拍摄的素材传输到手机上。

（二）将手机通过数据线连接到电脑，选择传输图片。

（三）从电脑上找到手机里的 "RICOH THETA" 文件夹，将它复制到电脑桌面上，拍摄的素材都自动保存在这个文件夹里。

二　用全景漫游制作工具制作小组作品

小组讨论合作，在完成基本要求的基础上发挥创意，制作出小组成员满意的作品。巩固全景漫游制作工具中各种功能的使用方法。

注意事项：

1. 发布作品时标题以"年级+专业+班级+组别"的形式命名。例：21级计算机应用1班2组。

2. 添加的每一种功能所表现出来的效果都要围绕作品想要表达的主题去设计。

三　作品展示和分享

（一）投屏展示

打开电脑上的投屏软件"鸿合无线传屏发送端"，输入屏幕上的6位连接码，点击确定，选择复制屏幕，投屏成功，打开小组作品。

注意事项：电脑投屏时，该电脑的网络必须连接到要投放屏幕的无线网络。

（二）分享介绍

向大家展示作品的最终效果，包括以下几个方面：介绍作品中素材拍摄的内容、取景地、想要表达的主题和情感；作品制作过程中遇到的问题以及解决的方案；小组成员是如何进行分工协作的；其他想要分享的内容。

四　点评与总结

根据每个小组的作品展示情况，老师与同学们一起对每个作品进行点评，最后做出总结。

巩固提升

1. 完成学习手册中的随堂测验题目，巩固所学知识。

2. 推荐手机编辑软件"理光景达+"，手机下载安装后即可制作更多有趣的作品。

· 总 结 评 价 ·

序　号	学习内容	掌握程度
1	VR 相机素材导出到电脑	☆☆☆☆☆
2	用全景漫游工具制作效果满意的小组作品	☆☆☆☆☆
3	投屏展示的操作方法	☆☆☆☆☆

心得体会：

第六课　创业启迪

学 习 目 标

1. 理解创业和创业者的含义及关系。

2. 了解科林·巴罗提出的创业者六大特质。

3. 学会分析自身创业的优势和劣势。

4. 对创业有进一步的思考。

课程导入

Q & A：请同学们结合所学知识和个人想法，谈谈对创业的理解。

新知讲解

一　创业案例

创业案例

观看创业案例视频，了解身边的创业案例和创业项目。

二　创业和创业者

创业：创业者对自己拥有的或通过努力能够拥有的资源进行优化整合，从而创造出更大的经济与社会价值的过程。

创业者：英国经济学家理查德·坎蒂隆在《商业性质概论》中首次提出"创业者"的概念，即"在担当风险的情况下，开启或运行一定业务来获取经济利益的人"。

"创业"这个行为本身是由创业者完成的，所以"创业"与"创业者"这两个概念是密不可分的，二者互相渗透、互相包含。创业能否成功，与创业者的特质关系极大。

三　创业者特质

英国经济学家科林·巴罗在《小型企业》一书中提出创业者应具有的六个特质：

（一）全身心投入，努力工作。

（二）接受不确定性。

（三）身体健康。

（四）自我约束。

（五）独创性和敢冒风险性。

（六）计划与组织能力。

四　案例分析

观看中职生张昕的创业案例视频，请同学们围绕创业者的六个特质来分析其成功的原因。

张昕在中职学校

张昕的创业案例

Q & A：从张昕的创业故事中，我们看到他身上拥有哪些创业者的特质？体现在哪些地方？

五　启示

以科林·巴罗提出的创业者的六个特质为标准，进行小组讨论，分析同学们自己的创业优势和劣势，也可进行其他方面的补充。

六　思考与分享

Q & A：你有过创业的想法吗？

Q & A：如果有机会去创业，你想做什么？

巩固提升

完成学习手册中的随堂测验题目，巩固所学知识。

	· 总 结 评 价 ·	
序　号	学习内容	掌握程度
1	创业和创业者的含义及关系	☆☆☆☆☆
2	科林·巴罗提出的创业者六大特质	☆☆☆☆☆
3	分析自身创业的优势和劣势	☆☆☆☆☆
4	对创业有进一步的思考	☆☆☆☆☆
心得体会：		